水産学シリーズ

135

日本水産学会監修

魚類の免疫系

渡辺　翼　編

2003・4

恒星社厚生閣

ま え が き

　近年，増養殖の対象となる魚種の増加は著しいものがあり，魚類の増養殖も日本国内にとどまらず，世界中に広がってきている．それにともない，魚類の疾病も多様になってきている．養殖魚の感染症対策として，非常に多くの薬剤が使用されるようになってきているが，食品である養殖魚類には耐性菌や薬剤残留の問題があるので，できるだけ薬品を使わない防疫対策を開発し，世界の水産増養殖業に開示する必要がある．また，環境ホルモンをはじめとして環境汚染物質の種類も多様化しており，これらが養殖魚にとどまらず自然界の生態系へ与える影響が懸念されるようになってきている．これらの環境へ放出される物質は，現在のところ，毒性という観点から調べられてはいるが，魚類の生体防御に及ぼす影響についてはほとんど検討されていない現状である．それらのバックグラウンドとなる魚類免疫学の研究の進展は，哺乳類に比べ遅々としているが，近年になって長足の進歩を遂げつつある．哺乳類の免疫機能解明は現在分子生物学的方法を用いたサイトカイン遺伝子やそれに対するレセプターの段階に達しており，獲得免疫と炎症における分子レベルの解明が進んでいる．魚類においてもⅣで中西，中尾，青木が述べているように免疫系遺伝子解明について急速な研究の進展がある．このように，遺伝子関係の研究の進歩と免疫生物学の進歩の間には歴然とした差が存在するが，Ⅲ．5．でも触れたように，魚類の獲得免疫機構の解明の遅れはひとえにTリンパ球の機能が判っていないことにその原因がある．平成6年10月に日本水産学会秋季大会において，「水産増養殖における生体防御機構研究の現状と将来」というシンポジウムが開催され，水産学シリーズ「水産動物の生体防御」（森　勝義，神谷久男編）が平成7年に刊行されているが，それから8年を経過し，魚類免疫学の研究が著しく進展した．そこで，我々は対象を魚類に限定し，「魚類の免疫系」に関するシンポジウムを企画し，今まで個々の研究者が様々な魚種で蓄積した魚類の免疫系研究の成果を持ちより，広く水産学に携わる人たちの評価と批判を受けることにした．このシンポジウムは，魚類の防疫や水域の環境評価に多大の貢献をするのみならず，水産動物の生物学の進歩にも益すると考えた上での企画である．

　このシンポジウムは，現時点での魚類免疫系の研究成果を公開して討議することにより，主要魚種で得られた免疫機能に関する知識を更に広く水産動物に応用することを目的としている．すなわち，魚類の免疫研究の現状を把握し，問題点と将来の水産増殖における免疫学的防疫技術開発の展望を検討し，安全で美味しい養殖魚の生産に寄与すると共に，魚類の生物学研究における免疫学の位置付けを図る目的で，平成14年4月5日に，日本水産学会大会で下記のように近畿大学において開催された．残念なことに，魚類の中でゲノム解析が最も進んでおり，免疫系遺伝子研究にも早晩登場することが期待されているトラフグについては，現在までほとんど免疫系の研究がなされておらず，このシンポジウムの中に盛り込むことが出来なかった．

　魚類の免疫系
　企画責任者　渡辺　翼（北里大水）　矢野友紀（九大院生資環）　渡部終五（東大院農）　飯田貴次（宮崎大農）　鈴木　讓（東大院農）　植松一真（広大生物生産）

開会の挨拶　　　　　　　　　　　　　　　　　　渡辺　翼（北里大水）
Ⅰ．免疫学における魚類の位置　　　　　座長　渡辺　翼（北里大水）
　1．免疫の進化　　　　　　　　　　　　　　　藤井　保（広島女子大）
Ⅱ．液性免疫　　　　　　　　　　　　　座長　飯田貴次（宮崎大農）
　1．免疫グロブリンとリンパ球　　　　　　　　鈴木　讓（東大院農）
　2．補体　　　　　　　　　　　　　　　　　　矢野友紀（九大院生資環）
　3．魚類の粘膜免疫系　　　　　　　　　　　　中村　修（北里大水）
Ⅲ．免疫細胞　　　　　　　　　　　　　座長　鈴木　讓（東大院農）
　1．マクロファージ　　　　　　　　　　　　　渡辺　翼（北里大水）
　2．顆粒球－魚類好中球の活性酸素産生機構を
　　　　　　　　　　　　　中心として－　　椎橋　孝（日大生物資源）
　3．免疫担当細胞・器官と異物処理　　　　　　菊池慎一（東京歯大生物）
Ⅳ．免疫系の遺伝子　　　　　　　　　　座長　乙竹　充（養殖研）
　1．主要組織適合遺伝子複合体　　　　　　　　中西照幸（日大生物資源）
　2．サイトカインおよび補体の受容体　　　　　中尾実樹（九大院生資環）
　3．ゲノムから見た魚類の免疫系　　　　　　　青木　宙（東水大）
Ⅴ．総合討論　　　　　　　　　　　　　座長　矢野友紀（九大院生資環）
閉会の挨拶　　　　　　　　　　　　　　　　　　矢野友紀（九大院生資環）

　本書は当日の講演に総合討論の質疑応答の趣旨を加えて執筆し，編集したものである．シンポジウムの総合討論でも，Tリンパ球やMHCの問題など魚類の免疫系研究の問題点と今後の展望について有意義な討論が行われた．なお，免疫学に限らず最近の科学用語ならびに略語が極めて難解になってきている事に鑑み，巻末に本書で使われている略語一覧表を入れておいた．本書が，水産学を学び研究している諸兄姉の研究の一助となれば幸である．本書の出版に当たり執筆者の方々，日本水産学会の関係各位，シンポジウムに参加してくださり活発に議論してくださった方々，ならびに恒星社厚生閣の担当者各位に心よりお礼申し上げる．

　　　平成14年10月

　　　　　　　　　　　　　　　　　　渡　辺　　翼

7

魚類の免疫系　目次

Immune System of Fish

Edited by Tasuku Watanabe

I. 免疫学における魚類の位置

1. 免疫系の進化

藤 井 保[*1]

哺乳類の免疫系は，病原菌やウイルスを異物（非自己）として認識し排除する生体防御機構である．そこで働く主役は，抗体（免疫グロブリン），T 細胞レセプター（TCR），主要組織適合抗原遺伝子複合体（MHC）の遺伝子産物（MHC クラス I，クラス II 分子）である（図1·1）．抗体や TCR は 1 個体当たりアミノ酸配列が異なる数百万種類の分子集団からなり，高い多様性を示す．一方，MHC 分子は個体内では同一種類であるが，個体間では異なるアミノ酸配列を示す分子集団であり，種内に多様な配列が含まれる．この性質は多型性とよばれている．この多様性および多型性は，後天的に成立する免疫系，すな

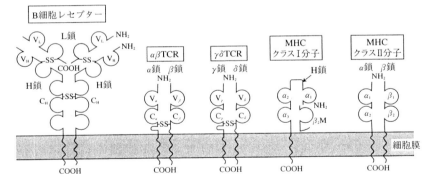

図 1·1　免疫系の多様性と多型性を担う分子群の基本構造を示す模式図
　細胞膜結合型の抗体は H 鎖と L 鎖の 4 量体（H_2L_2）で，B 細胞レセプターとしてはたらく．T 細胞レセプター（TCR）には，$\alpha\beta$ 型と $\gamma\delta$ 型がある．MHC クラス I 分子は，β_2 ミクログロブリン（β_2M）と結合して，すべての有核細胞上に発現する．一方，MHC クラス II 分子は，α 鎖，β 鎖の 2 本鎖からなるヘテロダイマー（異種 2 量体）である．これらの分子は，いずれも，免疫グロブリンスーパーファミリーを構成する代表的な分子である．V は可変部を，C は定常部を示す．糖鎖および鎖内ジスルフィド結合を省略した．

[*1] 県立広島女子大学 生活科学部 健康科学科

わち獲得免疫を特徴づけるキーワードであり，生来その個体に備わっている非特異的な感染抵抗性（自然免疫）ではみられない特徴である．多様性や多型性を担う分子の起源や進化のプロセスを知ることは，機能的分化が明確なリンパ球集団や抗原提示細胞の起源や進化を理解することにもつながる．

　獲得免疫を特徴づける上記の分子は，無顎類（円口類）ではいずれも認められない（表1・1）．一方，軟骨魚類では，哺乳類に匹敵するレベルの多様性と多型性を示す分子群がすべて完備している．これらの知見は，古生代において無顎類から有顎脊椎動物（顎口類）が誕生する進化に際して，生体防御系に劇的な変化が起こったことを強く示唆している．ごく最近，この劇的な変化を可能にした，遺伝子再編成（DNA 組換え）機構の出現[1] と MHC の誕生[2] に関する仮説が，遺伝子レベルの研究に基づいて提示されている．

表1・1　脊椎動物各綱における免疫系の比較

動物綱	動物名（例）	リンパ組織						同種移植片拒絶	抗原特異的分子				補体系		
		胸腺	骨髄	脾臓	リンパ節	腸管関連	腎・肝内		IgM	IgG/Y	TCR	MHCクラスI・II	レクチン経路	古典的経路	溶解経路
無顎類　円口類	メクラウナギ	−	−	−	−	−	−	−?	−	−	−	−	+	−	−
	ヤツメウナギ	−	−	−	−	−	−	−?	−	−	−	−	+	−	−
顎口類（有顎類）　魚類	ニジマス, コイ	+	−	+	−	+	+	+	+	(+)*2	+	+	+	+	+
両生類	イモリ	+	−	+	−	+	+	+*1	+	(+)	+	+	+	+	+
	カエル	+	+	+	(±)	+	+		+	+*3	+	+	+	+	+
爬虫類	カメ, ヘビ	+	+	+	(±)	+	+	+*1	+	+	+	+	+	+	+
鳥類	ニワトリ	+	+	+	+	+	+	+	+	+	+	+	+	+	+
哺乳類	マウス, ヒト	+	+	+	+	+	+	+	+	+	+	+	+	+	+

　　+：存在する，±：原始的なものが存在する，−：存在しない，（ ）：存在するものもある.
　　? 顎口類と同じ仕組みによる拒絶反応は存在しないと考えられる. *1 慢性的な反応.
　*2 軟骨魚に IgX/IgR が存在. 硬骨魚に IgD が存在. *3 アフリカツメガエルに IgY と IgX が存在.

　顎口類の進化に呼応する劇的な変化は，補体系の存在様式における著差からも明らかである（表1・1）．すなわち，顎口類の補体系は，3 つの異なる活性化経路と溶解経路を備えた多機能性の連鎖反応系であるが，円口類や無脊椎動物（ホヤやウニ）では，補体系の起源と予想されるレクチン経路の原型のみが

機能していると考えられている[3]．同経路による基本戦略は，糖鎖抗原依存的に標的異物（外来性の病原菌）を補体第3成分（C3）の分解産物 C3b で標識し，補体レセプターをもつ貪食細胞による異物処理を促すことであり，自然免疫の主要な一翼を担っている．補体系の進化過程は，自然免疫と獲得免疫との連続性や連携を示す一つの明快なモデルを提示している．

　自然免疫は進化的に古くから存在する生体防御機構で，原始的な補体系のほかに，主にマクロファージなどの貪食細胞によって担われている．これらの細胞は細菌などの病原体が特異的に発現している分子のおおまかなパターンを認識し，細胞内に取り込み，破壊することができる[4]．最近，この自然免疫において菌体成分の認識にかかわる分子群が，同成分の情報を細胞表面上に提示し獲得免疫に伝える役割も担っていることがわかった[4]．このことは，補体系と同様，自然免疫と獲得免疫との進化的な連続性や連携を示唆している．ここでは，主にこれらの最近の話題に注目しながら免疫系の進化について概説したい．このため，本稿に与えられた課題"免疫学における魚類の位置づけ"を俯瞰するうえでは不十分な記述にとどまっている．併せて，他の解説[5-7]を参考にされたい．

§1. 顎口類のリンパ系

1・1　1次リンパ器官と2次リンパ器官

　リンパ器官は，外来の抗原を適格に認識し，これに対する免疫応答を効果的におこなうためにリンパ球が集積した器官である．このような機能を果たすリンパ組織は，哺乳類では脾臓や全身に散在するリンパ節のような独立器官（リンパ器官），および明瞭な被膜に覆われないまま腸管や気管の粘膜に付随して存在するリンパ組織などにみることができる．これらの器官は2次リンパ器官といわれる．それは，これらの器官で機能しているリンパ球が1次リンパ器官とよばれる別の器官で分化し，そののちに移動し免疫応答に参加するからである．

　リンパ系造血幹細胞が増殖分化する場所である1次リンパ器官としては，胸腺（thymus），骨髄，鳥類のファブリキウス嚢（bursa of Fabricius）などがあげられ，分化をとげる場（器官）の違いに応じて，Tリンパ球（T細胞，

thymus derived cell）およびBリンパ球（B 細胞，bursa derived cell）という 2 つのリンパ球集団が生ずる．リンパ球前駆細胞は，1 次リンパ器官で T 細胞または B 細胞として自己と非自己抗原とを識別する能力を獲得する．

1・2　胸腺と T 細胞の分化

顎口類では，個体発生過程で最初にリンパ球が出現する器官として，胸腺の存在が確かめられている．成体における胸腺のあり方は動物群によりきわめて多様であるが，それらが相同とされるのは，個体発生の過程で咽頭嚢上皮が肥厚し分離した原基に，リンパ球前駆細胞などが加わって形成されるためである．リンパ球前駆細胞がまだ血管のつながっていない時期の上皮性原基に向けて間充織を遊走して外から侵入することは，組織学的観察，および標識した細胞を利用して組織のキメラをつくった胸腺でリンパ球の由来を調べる実験によって，両生類，鳥類，哺乳類などで示されている．胸腺原基が何番目の咽頭嚢の，背側，腹側のいずれに由来するかについては，動物群によりさまざまである[8]．

有尾両生類や硬骨魚類の胸腺では皮質と髄質の区別が明瞭ではないが，多くの動物群の胸腺は，リンパ球が密に集積する皮質と，リンパ球が比較的少なく上皮性細胞と樹状細胞（dendritic cell）に富む髄質からなる（図 1・2）．皮質ではリンパ球の TCR 遺伝子の再編成が進行する一方，上皮細胞の MHC 分子との接触によって機能できるリンパ球の選別（ポジティブセレクショ

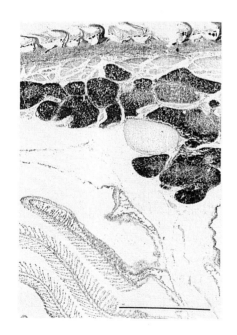

図 1・2　軟骨魚ホシザメの胸腺
出産直前と予想される胎児期の胸腺が，濃染する細胞塊として鰓域の皮下に認められる．軟骨魚の胸腺は分葉構造を示す．また，皮質と髄質の分化が認められる．バーは 1 mm を示す．

ン）が起こる．その結果，MHC 拘束性の下に機能することができない多数の
リンパ球はここで死滅することがわかっている．さらに皮質から髄質に移行す
る部域では，樹状細胞などの細胞上の MHC 分子に提示された自己抗原に対す
る反応性をもったリンパ球は消去（ネガティブセレクション）され，自己寛容
性が確立する[9]．成熟した T 細胞は，皮質と髄質の境界部に存在する後毛細管
静脈から出て末梢に向かい，2 次リンパ器官の T 細胞領域に移住する．

　ツメガエル（*Xenopus*）では遺伝的に異なる系統群が免疫学の研究に利用で
きるようになっている．ツメガエル系統群を用いた胸腺の切除実験や移植実験
は，自己抗原に対する T リンパ球の寛容の成立や MHC 拘束性の選別など，免
疫系の個体発生を研究するための貴重なモデルを提供している[6]．魚類では T
細胞の分化や成熟に関する情報は未だ不十分であるが，胸腺の細胞構築，個体
発生，周年変化や季節的変化などが調べられている[10]．

1・3　B 細胞の分化と多様性確保の場

　B 細胞が分化するための 1 次リンパ器官として知られる鳥類のファブリキウ
ス嚢も，消化管末端の上皮を基にして形成され，それぞれ皮質と髄質からなる
リンパ濾胞が多数集合した器官である．ファブリキウス嚢は総排泄腔の背側に
ある嚢状のリンパ組織で，その内腔は腸管に開口している．ファブリキウス嚢
は，当初，幹細胞から B 細胞が分化・増殖する中枢と考えられてきた．しか
し，ニワトリでは，卵黄嚢，脾，骨髄で抗体遺伝子の再構成が進行し，B 細胞
への分化を終えた細胞がファブリキウス嚢に侵入することがわかってきた．ニ
ワトリでは，抗体遺伝子の再編成にかかる VDJ 断片[*2] の数がきわめて少なく，
再編成では多様性を獲得することができない．ところが，引き続いて起こる遺
伝子変換という方法により多様性を獲得している．この遺伝子変換は，ファブ
リキウス嚢を構成するリンパ濾胞のなかで，B 細胞が分裂増殖する過程で生じ
ることが明らかになった．このため，現在では，ファブリキウス嚢は B 細胞の
多様化の中枢であると位置づけられている[11]．

　VDJ 遺伝子再編成で多様性をつくることができず，遺伝子変換によって多様

[*2] 抗体や TCR 遺伝子は，コード領域が分断しており，多くの V（variable）遺伝子と数百 kb はな
　れて D（diversity）遺伝子 / J（joining）遺伝子と C（constant）遺伝子が存在する．D 遺伝子群
　は，抗体の H 鎖遺伝子，TCR β 鎖と δ 鎖の両遺伝子に存在する．

性を獲得している動物は，ニワトリだけに限らず，哺乳類にもいる[11]．ウサギでは，腸管関連リンパ組織の一つである虫垂で，B 細胞が V 領域に遺伝子変換を繰り返すことで多様性を獲得している．ヒツジでは，回腸パイエル板で，B 細胞が V 領域に点突然変異を繰り返すことで多様性を獲得している．これらの知見は，ウサギ虫垂などのリンパ組織が，形態的にも機能的にもファブリキウス嚢相当リンパ組織であることを示している．これらの哺乳動物では，幹細胞から B 細胞への分化は骨髄で起こると考えられている．消化管の粘膜下組織に存在する腸管関連リンパ組織は軟骨魚類ですでによく発達しているが，この組織とファブリキウス嚢との機能的な相同性を支持する情報は得られていない．変温脊椎動物ではもっぱら 2 次リンパ器官として機能している可能性がある．

　両生類や哺乳類では，胚期に抗原刺激とは無関係に B 細胞が最初に出現する器官として肝（胎児肝）があげられ，ついで哺乳類では胚や成体の骨髄がその役割をもつ．系統進化的には，骨髄は変態後の無尾両生類ではじめて現われる．また，魚類，有尾両生類，幼生期の無尾両生類などでは，腎（前腎および中腎）および肝が活発な造血組織をもつ．これらの動物では B 細胞の分化には独立した器官をとくに必要とせず，造血組織であればよいのかも知れない[8]．変温脊椎動物の造血組織では，胚中心などのリンパ濾胞は形成されない．

1・4　2 次リンパ器官の系統発生

　2 次リンパ器官として，もっとも一般的で独立した器官である脾はすべての顎口類に備わっている．血液の濾過装置としてはたらく脾は，老朽化した赤血球を処理する場である赤脾髄とリンパ組織である白脾髄からなる．魚類や両生類では 2 次リンパ器官としての脾の役割は相対的に低く，代わって腎や肝などに存在するリンパ球の集合体が，2 次リンパ器官としての主要な機能を担っていると考えられている[8]．軟骨魚類では，抗体産生細胞は脾（図 1・3）や腸管関連リンパ組織の他に，種によっては食道粘膜内の造血組織であるライディヒ器官（Leydig organ）や生殖器官の一部（epigonal organ）にも認められる．また，硬骨魚類のリンパ組織には色素細胞とマクロファージに富むメラノマクロファージセンターとよばれる組織があり，ここに抗原が捕捉される．そして，この組織に接する領域に抗体産生細胞の分化がみられる[10, 12]．

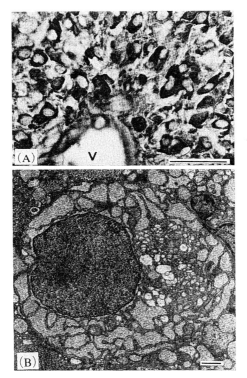

図1・3　軟骨魚アラスカカスベの抗体産生細胞
（A）白脾髄に存在する抗体産生細胞．検出は，西洋ワサビ
ペルオキシダーゼ標識抗ガンギエイ抗体 L 鎖抗血清によっ
た．細胞質領域に強い陽性反応を示す細胞が多数認められる．
バーは 50 μm を示す．V：静脈（B）白脾髄に存在する形質
細胞の超微形態．この形質細胞は顕著に発達した粗面小胞体
とゴルジ体をもち，哺乳動物の形質細胞と同じ構造を示す．
バーは 1 μm を示す．（山口大学名誉教授・友永進博士提供）

　マウスやヒトに存在する典型的なリンパ節は，リンパ液を濾過して血液にも
どす働きをする．この機能を反映して，リンパ節は輸入リンパ管と輸出リンパ
管を備えたリンパ性組織の集合体である．ヒトでは，リンパ節の数は個体当た
り 450 個にも達するといわれており，免疫応答の効率は飛躍的に上昇し，併せ
て，抗原処理を局所に限定することも達成されている．原始的な哺乳類である
単孔類カモノハシでは，簡単な構造のリンパ節が 1 個体当たり 20 個から 40

個存在する．リンパ節の原型と位置づけられる鳥類のリンパ節は，リンパ管内腔のふくらみにできた"こぶ"のようなもので，多い場合で6対程度存在する．

リンパ節に類似するリンパ－骨髄組織は無尾両生類や爬虫類で観察することができる．ウシガエルなど高等な無尾両生類の頚部，胸部，腋下部などには，洞様構造を伴ったリンパ－骨髄組織が4～10対存在する場合があり，血液濾過による抗原の捕捉および抗体産生をおこなう [6, 8]．類似する器官は，魚類や有尾両生類では認められない．

以上のように，2次リンパ器官の存在様式は，有尾両生類と無尾両生類との間，および爬虫類と鳥類・哺乳類の間でかなり際立った違いを見せている．これは明らかに免疫応答の効率の違いを裏づけるものであり，水中生活から陸上生活へ，変温体制から恒温体制へといった変化が，顎口類における免疫系の体系化のための大きな淘汰圧となったことを示唆している [8]．

§2．多様性と多型性を担う免疫系分子の出現

2・1　抗体の進化

すべての顎口類は，広範な抗原を特異的に結合する抗体（免疫グロブリン）を産生している．抗体の構造は進化的によく保存されていて，多重ドメイン構造を有する重鎖（H鎖）と軽鎖（L鎖）からなる H_2L_2 が基本ユニットとなっている．これらの免疫グロブリンは，抗原レセプターとしてB細胞表面上に発現するほか，活性化B細胞から細胞外に分泌され循環中に入る．

すべての顎口類に普遍的に存在する抗体は重合体のIgMで，そのH鎖はμ鎖とよばれている．IgMは，多くの動物群で5つの基本ユニットが重合した5量体として存在する．一方，硬骨魚類では，4量体または単量体として存在している．重合体のIgMは魚類や両生類の主要な血清抗体で，進化の過程で最初に出現した抗体であると考えられている．

非μH鎖アイソタイプを有する低分子量抗体は，軟骨魚類のレベルからすでに見いだされている．軟骨魚の低分子抗体として最初に単離された分子は，ガンギエイのIgRであるが，最近ではIgXとよばれている．この名称に関しては混乱をもたらす可能性があり注意を要するが，軟骨魚IgXと後述するアフリカツメガエルIgXとの進化的な関連性は提示されていない．また，硬骨魚にお

ける IgD の存在が遺伝子レベルの研究で示されている．硬骨魚では，軟骨魚 IgX/IgR に類似するアイソタイプの存在は知られていない[7]．

　アフリカツメガエルでは，IgM とは異なる 2 種類の低分子量抗体（IgY，IgX）の存在が報告されている．ツメガエルの IgX は，もっぱら消化管内で認められる抗体で，哺乳類の分泌型 IgA と同様の役割を担っている可能性がある．また，メキシコサンショウウオの IgY も分泌型の低分子量抗体である．トリの IgY は，卵黄を通じて胎仔に移行する主要な抗体で，機能的には哺乳類の IgG に類似している．これらの知見[6,7]は，H 鎖のアイソタイプとしての多様性が免疫グロブリンの進化の早い時期に生じたことを強く示唆している．ヒトなどの多くの哺乳類では，IgG，IgM，IgA，IgD，IgE の 5 つのクラスが存在する．

　L 鎖の多様性に関しても同様で，κ 鎖様と λ 鎖様の双方の L 鎖が軟骨魚類に存在する．L 鎖の使用頻度に関しては，サメでは κ 鎖と λ 鎖が併用されているものの，硬骨魚類や無尾両生類では κ 鎖に偏っている[13]．

2・2　抗体遺伝子ゲノムの構造と多様性産生機構

　H 鎖と L 鎖の特徴は，N 末端側の約 110 個のアミノ酸残基からなる部分の一次構造が抗体分子ごとに異なることである．この部分は可変部（V 領域）とよばれ，H 鎖と L 鎖の可変部が組み合わさって，抗原特異性を決める抗原結合部位の立体構造を形成している．それ以外のドメインはアミノ酸配列が比較的一定で，定常部（C 領域）とよぶ．可変部の多様性を拡張する有効な手段として，可変部をコードする遺伝子を分割してそれぞれ増幅し，変異を蓄積したあとで，断片化した複数の遺伝子をランダムに組合せる（再編成する）方法（V（D）J DNA組換え機構）がとられている．その後の研究で，もっとも大きな多様性は，末端添加酵素（ターミナルトランスフェラーゼ：TdT）による DNA 結合部へのランダムな塩基配列の挿入[*3] によりつくりだされることが判明している[1]．

　IgH 鎖の遺伝子ゲノムの構造を系統発生的に概観すると，軟骨魚類だけが独自の存在様式を示す（図 1・4）．すなわち，サメでは抗体の可変部と定常部を

[*3] このヌクレオチド配列は生殖細胞型 DNA（germ line DNA）にはない配列で，N（nongerm line）領域とよばれる．N-ヌクレオチドは，抗体の H 鎖遺伝子および TCR の全遺伝子にみられる．

含む遺伝子（VDJCμ）を1セットとして増幅している．サメでは，遺伝子再編成の仕組みはなく，ゲノムにコードされた遺伝子情報をそのまま使うことで，抗体の多様性を作りだしている（図1・4）．可変部と定常部を含む遺伝子セット（ユニット）を繰り返すこの戦略は，サメのL鎖（λ鎖，κ鎖）や硬骨魚のκ鎖に残っている[13]．

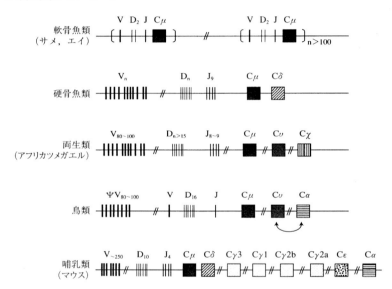

図1・4　抗体のH鎖遺伝子ゲノムの系統発生学的比較

H鎖の可変部をコードする遺伝子は分割されており，V遺伝子，D遺伝子，J遺伝子からなる．遺伝子再編成に供せられるこれらの遺伝子群を縦線で示した．鳥類では，V遺伝子の上流にある偽遺伝子（ψV）の一部の配列がDNA再編成を起こしたVDJ配列と置き換わる，遺伝子変換が起こる．定常部（C領域）をコードする遺伝子は濃淡の異なる四角で示した．マウスのCγ3〜Cγ2aは，IgGサブクラスを規定する定常部の遺伝子を示す．矢印は当該遺伝子の座（相対的位置）が未確定であることを示す．また，V，D，Jに付した数字は多重遺伝子の数を，nは遺伝子数が未確定であることを示す．Bengtenら[24]を改変．

　一方，硬骨魚のH鎖の可変部は，哺乳類などと同様，複数のV，D，J断片が再編成し，Cμと結合することによって抗体の多様性を作り出している（図1・4）．断片間の再編成の組合せにより，可変部の多様性は飛躍的に増大したと考えられる．硬骨魚類には，Cμの下流にCδが存在し，定常部遺伝子の重複が，顎口類誕生の初期の段階で生じたことを示している．両生類，鳥類，哺乳

類の一部には C δ が欠失しているが，マウスやヒトでは保存されている．無尾両生類では，マウスやヒトと同様，VDJ の組換え再編成があり多様性を発現している（図 1・4）[7, 13]．無尾両生類の段階で，抗体のクラススイッチ組換え機構が誕生したと考えられている．

　ニワトリや数種の哺乳類（ウシ，ブタ，ウサギ）では，VDJ の再編成では十分な多様性が得られず，V 遺伝子上流の偽遺伝子（図 1・4）の情報を取り入れて多様性を獲得している．すなわち，偽遺伝子がさまざまな大きさの断片にコピーされ，機能的 V 領域に何度も取り入れられている．この仕組みは遺伝子変換とよばれている．さらに，再編成した遺伝子上に，高頻度点突然変異を誘発して多様性を増大している[6, 11]．

2・3　TCR 構成鎖遺伝子ゲノム

　TCR は，免疫グロブリンと同様，遺伝子再編成を行って形成される異物レセプターである．TCRは，α鎖とβ鎖のヘテロ 2 量体（α β TCR），またはγ鎖とδ鎖のヘテロ 2 量体（γ δ TCR）として存在し，T 細胞による多様な抗原認識を可能にしている．TCR は細胞表面で CD3 と総称されるポリペプチド鎖と会合している．α β TCR は，MHC 抗原によって提示されるペプチド抗原のみを認識するレセプターである．γ δ TCR による抗原認識では，CD4 や CD8 のようなアクセサリー分子の介助を必要としない．

　2 種類の TCR を構成する 4 遺伝子は，いずれも多様な抗原認識に対応して，複数の可変領域断片（V (D) J）間の遺伝子再編成を行う．δ鎖のゲノムは，α鎖のゲノム構成の中に入れ子構造として存在する．このような多岐にわたるゲノム構成は，軟骨魚類のサメやエイの段階から非常によく保存されている．ゲノム量が脊椎動物のなかで最小であることが知られているフグでは，TCR α鎖が逆位構成の多くのV α遺伝子クラスターを備えていることが報告されている[13]．全ての顎口類でよく保存されたゲノム構造は，TCR の役割の重要性を強く示唆している．

2・4　T，B リンパ球の進化

　T 細胞や B 細胞は，多種多様な異物抗原の認識にあずかるレセプター（TCR，Ig）をクローナルに発現している．いずれのレセプターも軟骨魚類の段階で哺乳類に匹敵するほどに発達しており，T，B 細胞の進化の足跡を顎口類の進化

のなかでたどることはできない．T，B 細胞は共通の遺伝子再編成機構を利用しているが，両細胞群の機能はまったく異なっている．これらの細胞は，無脊椎動物の時期からあるいくつかの防御機構の，異なる部分を高度化する方向で形成されてきた可能性がある．この可能性を支持する情報が，血液系の個体発生，すなわち造血幹細胞から種々の前駆細胞を経て各系列の細胞に分化するプロセス，さらには T，B 細胞の機能と自然免疫系の機能との関連性に基づいて提示されている [14]．

　この仮説の注目点は，将来，T，B 細胞への進化の道をたどるであろう細胞が，それぞれの異物レセプターをマクロファージ系の細胞上に発現し，同種細胞を殺す機能と，貪食機能をもつ細胞に分化したと考えられることである．異物レセプターの発現は，遅くとも無顎類の進化までに生じ，トランスポゾンの感染による遺伝子再編成機構の導入に先行していたことになる．また，T 細胞はウニやホヤに存在する同種細胞を殺すキラー細胞（アロ・キラー細胞）に由来すると推測されている．この細胞は，いわゆる absence of self を攻撃するという意味で NK 細胞ときわめてよく似ている．また，T 細胞のなかでは，抗原の認識に MHC が関与しない $\gamma\delta$T 細胞がまず出現し，その後，MHC により異物反応性を制御する仕組みが加わり，$\alpha\beta$T 細胞にみられる高度の分化を遂げたと予想されている [14]．

　さて，抗体と TCR の V，(D)，J 遺伝子において遺伝子再編成（切断と再結合）を起こす部位近傍には，シグナル配列の存在が知られている．この配列を認識し，切断する酵素は Rag1 [*4] および Rag2 分子で，切断された 2 本鎖 DNA の再結合には DNA の修復にかかわる酵素が使われている．この修復酵素は免疫系以外の生物現象で使われているものと共通であった．したがって，遺伝子再編成は Rag1 および Rag2 分子の導入で可能になる [1]．Rag1 と Rag2 の反応様式が解明されるに伴い，DNA 転移酵素（トランスポゼーズ）との類似性が指摘され，トランスポゾンがトランスポゼーズとともに抗体あるいは TCR の原型となった遺伝子のなかに入り込んだとする説が提示されている [1]．

2・5　MHC 領域形成モデル

　主要組織適合遺伝子複合体（MHC）は，自己と非自己の識別に中心的な役

[*4] recombination-activating gene 1

割を果たすクラスⅠ，クラスⅡ分子をコードする遺伝領域である．ヒトの MHC は第 6 染色体短腕に位置し，ほぼ大腸菌ゲノムに匹敵する大きさ 4,000 kb をもっている．この領域には 100 を越える遺伝子が存在し，この中には，クラスⅠ，Ⅱ遺伝子のほかに，補体系成分（C2，C4，B 因子）の遺伝子や腫瘍壊死因子遺伝子，さらには抗原のプロセシングに関与する分子をコードする遺伝子（クラスⅢ）なども存在している．また，この領域には少なくとも 1 つのパラロガスコピーをもつ遺伝子が約 40 個存在している．パラロガスは，1 つの種のゲノムに存在する重複遺伝子の関係を表現している[2, 7]．

　MHC の系統発生に関する本格的な研究は，Hashimoto ら[15]によるコイ MHC 遺伝子の単離からはじまる．コイ MHC クラスⅠ分子には古典的なタイプとそれ以外の分子が存在し，前者はきわめて高い多型性を，後者は相対的に低い多型性を示した．さらに，古典的 MHC クラスⅠ分子をコードする遺伝子が軟骨魚類にも存在し，ヒトにも匹敵する高い多型性を示すこと，その分子のアミノ酸配列の相違が同種皮膚移植片拒絶反応と相関することが示されている[1]．この研究が端緒となり，MHC の系統発生的な知見は急激に増大し，基本的に同じゲノム領域が全ての顎口類に存在することがわかってきた．

　複雑なゲノム構造を示す MHC の起源や進化を理解するための糸口は，ヒトやマウスのゲノムに，MHC とパラロガスな遺伝領域が少なくとも 3 ヶ所存在する，という発見によりもたらされている[2]．たとえば *PBX*1，*PBX*2，*PBX*3，*PBX*4 遺伝子は，ヒト染色体の 6 番，19 番，1 番，9 番上に存在する遺伝子であるが，この周辺には同様の関係にあると想定される遺伝子が多数並んでいる．これは，この領域全体がブロックとして重複したためと考えられ，この重複によって形成された遺伝領域はパラロガス領域とよばれている．現在，4 つのパラロガス領域は，顎口類のゲノムにしか存在しないと推測されている．また，ナメクジウオのゲノムにはブロック重複の痕跡がないこと，円口類（メクラウナギ）のゲノムにはパラロガス領域が少なくとも 2 ヶ所存在することが報告されている．さらに，円口類や無脊椎動物のゲノムには MHC の前駆領域は存在するものの，真の意味での MHC 領域は存在しない，と考えられている．

　これらの情報を基にして笠原[2]は，MHC の進化のモデルを提唱している（図 1・5）．すなわち，非免疫系遺伝子のクラスターを出発点にして重複直前の

MHC 前駆領域がつくられ，この段階で，補体成分 C3 やクラス I の前駆体など，自然免疫に関わる遺伝子が加わった，と予想している．この前駆領域が，おそらく 2 回，ブロックとして重複し，4 個のパラロガス領域が形成され，その 1 つが MHC 領域になったと推測されている．この過程で，獲得免疫にかかる多くの遺伝子が誕生したと考えられている．2 回のブロック重複後に誕生した MHC は，その構造を，そのままの形で維持しているわけではなく，いくつかの遺伝子の転座，相対的位置の変化，遺伝子の脱落や分断化など，2 次的な変化を生じて現生の動物にひきつがれている．たとえば，ニワトリでは，多くの遺伝子の脱落が認められ，MHC のコンパクト化が顕著になっている．また，ゼブラフィッシュでは，クラス I と同 II 遺伝子の連鎖そのものを喪失している．さて，予想されるブロック重複の時期と回数は，Ohno[16] が約 30 年前に提唱

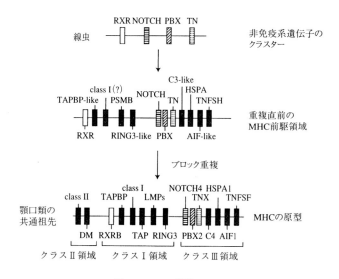

図 1・5　MHC 進化のモデル
重複が起こる直前の段階までには，MHC パラロガス群に属する遺伝子の祖先遺伝子からなる単一の遺伝領域が形成された，と仮定している．これがおそらく 2 回，ブロックとして重複し，4 個のパラロガス領域を形成したと推測されている．その一つが MHC 領域になったと考えられる．スペースの関係で図には代表的な遺伝子座のみを示した．遺伝学・発生学の実験材料として広く用いられている線虫（*Caenorhabditis elegans*）においても，*RXR*，*NOTCH*，*PBX*，*TN* 遺伝子は連鎖している．笠原[2] より改変．詳細については同文献を参照されたい．

したゲノム重複の仮説と基本的に一致しており，頭索類と無顎類の間で 1 回，顎口類の共通祖先と無顎類の間で 1 回，計 2 回の可能性が高い．

§3．円口類：獲得免疫能を備えていない脊椎動物

無顎類は，いまから 5 億年以上も前（古生代オルドビス期）に誕生した，もっとも原始的な脊椎動物と考えられている．現生の無顎動物は円口類と総称され，メクラウナギ綱メクラウナギ目と，ヤツメウナギ綱（頭甲類）ヤツメウナギ目の2群に分類されている．これら 2 つの動物群はそれぞれ別の綱に分類されていることからも明らかなように，たがいにかなり隔たりがある[17]．

抗体，TCR，MHC 分子がいずれも同定できない円口類は，獲得免疫能を備えていない唯一の脊椎動物群と考えられ，その生体防御は自然免疫に委ねられている（表 1・1）．円口類ではリンパ系組織は未発達の状態にあり，生体防御を担う多数の食細胞が広範に分布している．主要な細胞はマクロファージ系と顆粒白血球系である．これらの細胞は末梢循環血にも大量に分布しており（図 1・6），末梢血それ自体が造血組織として機能している．メクラウナギ肝の類洞

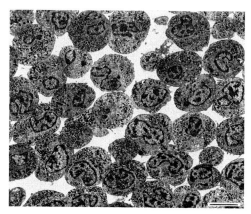

図1・6　円口類ヤツメウナギの末梢血から分離された多形核白血球（顆粒球）の電顕像．溯河回遊期のカワヤツメから末梢血を採取し，比重遠心法により白血球分画を得た．細胞質内顆粒の性状などから判断して，かなり均質な細胞集団であることがわかる．バーは 5 μm を示す．

壁に存在する食細胞は，哺乳動物のクッパー細胞（Kupffer cell）と相同な細胞と考えられている．この細胞はヤツメウナギ肝には存在しない[17]．

ヤツメウナギ類では中腎，幼生の腸内縦隆起（typhlosole），成体の脂肪柱（fat column）に大量の食細胞が分布している．これらの組織に匹敵する大規模な造血性細胞集塊はメクラウナギでは認められない．また，ヤツメウナギではきわめて旺盛な食作用を示す組織が，鰓葉内の組織，海綿体（cavernous body）に存在する．海綿体細胞は血管内皮が特殊化したものと予想され，末梢血中の異物の捕捉には理想的な位置を占めている[17]．

さて，円口類にも抗体が存在すると長い間信じられていた．その根拠は，抗原刺激によりその抗原と結合する性質の分子が抗血清中に出現すること，その分子が抗体の H 鎖および L 鎖と類似の分子量をした複数のポリペプチド鎖からなり，それが相互にジスルフィド結合により連結していることが示されたことによる．しかし，メクラウナギからあいついで分離精製され，"不安定な抗体"と位置づけられていた分子はいずれも免疫グロブリンではなく，C3 の分解産物であった[18, 19]．抗体など特異的認識にあずかる分子群の再検索は，いずれも成功していない．このため，円口類では獲得免疫の存在そのものが否定されることになった[1]．

一方，ヤツメウナギ C3 の解析からはじまった円口類補体系の研究は，その原始性を明確に提示している．円口類の補体系では，C3 由来のフラグメント（C3b）により外来性の異物を標識し，マクロファージや顆粒白血球（図 1・6）などの貪食細胞にその処理を委ねる反応系が機能しており，補体系の原型として注目されている．円口類では，溶菌反応を起こす膜侵襲複合体の形成は認められない．円口類の C3 は顎口類の C3（2 本鎖構造[*5]）とは異なり，3 本鎖構造[*6] を示す[17]．また，メクラウナギ C3 は，1 本鎖前駆体の不完全なプロセシングにより，血漿中で変則的な 2 本鎖構造[*7] を示すこともわかっている．これらの特性は，C3 ファミリー分子群における進化の過程の一段階を反映している可能性がある[17]．ヤツメウナギでは，C3 分解反応への参加が期待される 2

[*5] α 鎖と β 鎖とよばれるサブユニットが鎖間ジスルフィド結合により架橋した分子.
[*6] サブユニットは，α 鎖，β 鎖，γ 鎖とよばれる.
[*7] α 鎖と γ 鎖との間の連結部位で，プロセシング（切除）を受けない.（α＋γ 鎖，β 鎖）

種類の補体成分（セリンプロテアーゼ）が同定されており，抗体非依存的な活性化経路の存在様式が注目されている．この課題については次項のなかで若干の解説を試みる．

§4. 補体系の進化

4·1　補体系の概要

　補体系は，抗体を認識分子として機能する古典的経路が先に発見されたため，抗体を補うという意味で補体（complement）と名づけられている．哺乳類の補体系（図 1·7）は複雑な連鎖反応系を示し，血漿中のタンパク質や白血球膜上のレセプターなど，30 種類以上の成分から構成されている．古典的経路では，抗体が抗原を認識し，その結果，構造的変化を起こした IgM や IgG 分子

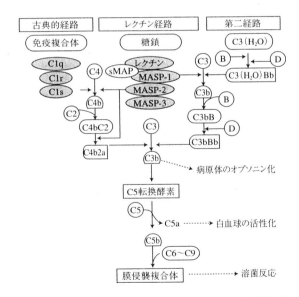

図1·7　哺乳類補体系の活性化経路と生物活性の発現を示す概略図
C1～C9，MASP，B および D は補体成分を示す．sMAP（small MBL-associated protein）は，レクチン-MASPs 複合体に結合している．C4b2a および C3bBb は C3 転換酵素（コンベルターゼ）とよばれ，活性経路の中心酵素である．一方，第二経路を開始する液相中の C3（H_2O）Bb は，初期 C3 転換酵素とよばれる．制御因子は省略した．藤田・遠藤[3]に基づいて，改変して示した．

の Fc 部分に C1（C1q（C1r・C1s）₂ 複合体）の亜成分 C1q が結合し，活性化が開始する．しかし，補体系は，レクチン経路や第二経路とよばれる抗体非依存的な経路でも活性化される．いずれかの経路で補体系が活性化されると，C3の限定分解産物 C3b が侵入した病原微生物上に結合しオプソニンとして機能し，食細胞に微生物を貪食させる機能，オプソニン化をもたらす．さらに，溶解経路による分子集合（膜侵襲複合体の形成）反応が進行し溶菌反応をもたらす．また，C5 転換酵素により生成する C5a などの，アナフィラトキシンとよばれる生理活性物質の作用により食細胞の活性化ももたらされる（図1・7）．

　複雑な高分子間反応を行なう補体成分が進化のある時期に一挙に出現したとは考えられない．当然，初期には比較的少数の祖先型成分（遺伝子）からなる原始的な系が存在し，それらの遺伝子重複と発散，他の反応系との連携・合体が生じ，現在哺乳類にみられる補体系が誕生したものと予想される．補体成分のなかには，ドメイン構造，機能，反応機構などの点で非常によく似たいくつかの組合せが見出され，この仮説の妥当性を支持している[20]．たとえば，C3ファミリーを構成する補体成分（C3，C4，C5）の遺伝子は，MHC クラスⅢ領域または MHC とパラロガスな領域に位置し，共通の祖先遺伝子から重複によって分かれた近縁の遺伝子である[2]．また，膜侵襲複合体の形成に関わる補体成分（C6，C7，C8，C9）は，主要な構造部分としてパーフォリン様ドメインを共有している．一方，多くの補体成分で，ショート コンセンサス リピート（short consensus repeat，SCR）とよばれる，アミノ酸約 60 個からなる構造ドメインが見いだされる．とりわけ，補体制御タンパク質はその構造のほとんどが SCR の繰り返しで占められ，SCR は補体制御タンパク質リピート[*8]ともよばれる[21]．驚くべきことに，複雑な連鎖反応系を擁する補体系は，軟骨魚類や硬骨魚類の段階で機能的，構造的に哺乳類のそれと同レベルの分化をとげ，抗体依存性と同非依存性の活性化経路が機能している．コイでは，C1〜C9 に加えて，B 因子や D 因子などの補体成分の存在が確認されている[5]．

　補体活性化経路のなかの，レクチン経路はごく最近明らかになった経路で，微生物の糖鎖をパターン認識するマンノース結合レクチン（mannose-binding lectin，MBL）と，このレクチンに結合するセリンプロテアーゼ（MBL-

---

[*8] Complement control protein repeatから，CCP と略記される．

associated serine protease，MASP-1，2，3）の複合体によって活性化される．レクチン・MASP 複合体の分子構造は C1 複合体の構造に酷似している．前者の複合体上でセリンプロテアーゼ活性を発現する MASP は，C1r，C1s とともに 1 つのセリンプロテアーゼ・ファミリー（図 1・8）を形成している[3]．最近，これら MASP ファミリーの分子進化に関する知見が急速に増加し，その情報に基づいて補体系の起源に関する新たな仮説が提示されている．すなわち，レクチン経路の原型と予想される反応系が無脊椎動物でも見いだされ，補体系の原型として注目されている[3]．

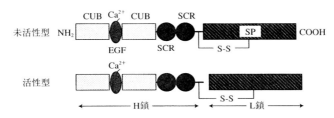

図 1・8　哺乳類 MASP ファミリーのドメイン構造と活性化に伴う限定分解を示す模式図
ドメイン構造は，MASP，C1r，C1s に共通している．血清中では 1 本鎖ポリペプチドの未活性型で存在しており，認識分子が異物などに結合すると 2 本のポリペプチド（H 鎖と L 鎖）の活性型に転換する．CUB：C1r，C1s，尿表皮成長（上皮増殖）因子，骨形成タンパク質に共通の構造単位として同定されたドメイン，EGF：表皮成長因子様ドメイン，SCR：ショートコンセンサスリピート，SP：セリンプロテアーゼドメイン．

4・2　MASP ファミリーの進化とレクチン経路の位置づけ

ヒトでは 3 種類の MASP が同定されており，C1r，C1s とともに共通のドメイン構造を示し，C 末端側にセリンプロテアーゼ・ドメインがある．これらのセリンプロテアーゼは，血清中では 1 本鎖ポリペプチドの未活性型として存在しており，認識分子が異物などに結合すると，2 本のポリペプチド（H 鎖と L 鎖）の活性型に転換する（図 1・8）．ヒト MASP の 3 分子間には，セリンプロテアーゼ・ドメインをコードするエクソンの数（6 個の分断エクソン，または単一エクソン），活性中心セリンをコードするコドンのタイプ（TCT のタイプと AGC または AGT のタイプ），さらに，基質特異性において著差が認められる[3]．MASP-1 には C3 を加水分解する活性がある．また，C3 は C3 ファミ

リー分子のなかで最も古いタイプの補体成分で，円口類，尾索動物（マボヤ），棘皮動物（ウニ）でも見つかっている．これらの情報は補体系の原型を想起する上できわめて重要な示唆を与えている．近年，MASP に関する研究が精力的に進められ，cDNA の情報も蓄積している．その結果，マウスやアフリカツメガエルでは，ヒトと同様，3 種類の MASP の存在が明らかになっている．また，ドチザメやコイでは，ヤツメウナギと同様，1 種類の MASP cDNA クローンが単離されている [3, 22]．また，当該分子群のなかで最も古い原型であると予想されるマボヤ MASP の遺伝子構造が明らかになり [23]，MASP ファミリー分子の進化過程が推定されている [3]．

　マボヤでは，MASP や C3 の他に，MBL 様のレクチンや C3 レセプターの存在が報告されており，原始レクチン経路のモデルが提示されている．すなわち，原始的な補体系は単純なレクチン経路であって，認識分子であるレクチン，オプソニンである C3，C3 を分解する MASP，および食細胞上の C3b レセプターからなると推定されている．藤田・遠藤 [3] は，このレベルの原始レクチン経路が無脊椎動物と円口類に存在すると考えている．その後，補体成分の多様化に伴って，哺乳類型レクチン経路（MASP による C4 や C2 の限定分解反応を伴う活性化経路）や古典的経路が進化した，と考えている．従来の仮説では，第二経路が進化的に古い経路であるとされてきたが，彼らは，無脊椎動物や円口類では第二経路が独立した活性化経路として機能しておらず単に増幅系として存在する，と考えている [3]．増幅系への参加が予想される B 因子の存在は，円口類（ヤツメウナギ）で確認されている．補体系の進化に関するこの仮説は，自然免疫と獲得免疫の連続性，そして両者の連携を明示している．第二経路の進化的な位置づけについては未だ不明な点が残されているが，硬骨魚類では，第二経路の存在意義が哺乳類などに比べて相対的に高い可能性が指摘されている [5]．

§5. Toll 様レセプターの機能にみる自然免疫と獲得免疫との連携

　前述のとおり，顎口類の生体防御機構は自然免疫と獲得免疫に大別することができる．獲得免疫は，多様性，多型性，特異性，記憶を特徴とする精緻なシステムで，一方，自然免疫は，主にマクロファージや白血球がおこなう非特異的な貪食作用による，外来異物や病原体の処理システムと考えられてきた．と

ところが，近年，この自然免疫にかかわる免疫細胞も，Toll 様レセプター（Toll-like receptor，TLR）とよばれる一群のレセプターを用いて，"かなり特異的に"病原体を認識していることがわかってきた[4]．さらに，哺乳類では TLR を介して自然免疫が獲得免疫の成立を支配していることも明らかになりつつある[4]．

　TLR は細胞外領域にロイシン リッチ リピートをもち，その細胞内領域はインターロイキン1レセプター（IL-1R[*9]）と相同性がある．TLR を介するシグナル伝達は，IL-1R シグナルと同様のシグナル伝達分子を利用している．近年，TLR ファミリー メンバーの生体内での役割およびシグナル伝達機構の解析が進展しており，現在までに 10 種類の分子（TLR1〜TLR10）の存在が明らかになっている．このうち，5 種類については認識する分子（リガンド）が確定している[4]．このような分子は，pathogen associated molecular patterns（PAMPs）とよばれ，グラム陰性菌外膜の構成成分であるリポ多糖（LPS），細菌またはマイコプラズマ由来リポペプチド，ペプチドグリカン，細菌由来の非メチル化 CpG モチーフをもつ DNA，細菌の鞭毛繊維を構成するフラジェリンなどが知られている．

　ところで，Toll は当初，ショウジョウバエの発生初期において背腹軸形成にかかわる分子として同定されたもので，その後，成虫において抗真菌ペプチドの発現誘導に必須であることが示され，生体防御にもかかわっていることが明らかになっている．ショウジョウバエ Toll の哺乳類ホモログが TLR である．TLR 各メンバーは，認識する病原体成分が異なるだけでなくシグナル伝達経路も異なり，個々に違った免疫反応を引き起こすものと考えられている．TLR に関する系統発生的なアプローチは，TLR ファミリー分子群の分子進化，ならびに自然免疫と獲得免疫との連携の生い立ちを知る上で貴重な情報を提供してくれるはずである．

§6. 結語にかえて

　すべての顎口類で，胸腺などの 1 次リンパ器官で分化した T 細胞，B 細胞が 2 次リンパ器官に移動し，免疫応答の主役を演じている．顎口類では，特異

[*9] 炎症性サイトカインであるIL-1などのレセプター．免疫グロブリンスーパーファミリーに属し，分子量が 8 万と約 6 万の膜貫通性糖タンパク質である．

的な応答を可能にする分子群がきわめてよく保存され普遍的に存在している．これとは対照的に，円口類では獲得免疫は未発達の状態にある．魚類の原始性や種の多様性を考慮すると，魚類の免疫系は獲得免疫の発達段階の特徴を保存している可能性があり，獲得免疫の進化過程やその意義について新たな情報を提示してくれる可能性がある．この予想は，たとえば，ごく最近テンジクザメで確認された新しい免疫グロブリンスーパーファミリー分子，すなわち新抗原レセプター（new antigen receptor，NAR）として報告された分子の特殊性や原始性を想起すると，当を得たものであることがわかる．血清中に存在するNAR[*10]は，1つの可変部と5つの定常部をもつ2本の同じポリペプチド鎖が結合して1分子を構成しており，抗体に共通の基本構造（H_2L_2）をとらない．遺伝子再編成などの方法で多様性をつくるNARは，免疫グロブリンスーパーファミリーの分子進化を推定するうえで重要な示唆を与えている[24]．

また，魚類は，自然免疫と獲得免疫との相互依存性や連携，さらには進化的な連続性についても，他の動物群では得られない情報を提示してくれる可能性がある．

[*10] 最近，IgNAR の標記が用いられている（Bengtén ら[24]）．

文　献

1）黒澤良和：免疫系進化におけるV（D）J DNA組換え機構の出現，医学のあゆみ，**200**，330-333（2002）．

2）笠原正典：主要組織適合遺伝子複合体のゲノム構造の謎を解く－ゲノムが語る自己非自己識別システムの歴史，同誌，**198**，781-787（2001）．

3）藤田禎三・遠藤雄一：補体は生体防御の中心であった－補体レクチン経路の進化，同誌，**199**，465-470（2001）．

4）佐藤慎太郎・審良静男：自然免疫にかかわるレセプター，同誌，**199**，738-742（2001）．

5）矢野友紀：魚類の生体防御，生物生産と生体防御（村上浩紀・緒方靖哉・松山宣明・河原畑勇・矢野友紀編），コロナ社，1995，

pp.172-254.

6）J. Horton and N. Ratcliffe：免疫系の系統と進化（野間口隆訳），Roitt·Brostoff·Male 免疫学イラストレイテッド［原書第5版］（多田富雄監訳），南江堂，2000，pp.199-220.

7）L. Du Pasquier and G. W. Litman (eds.)：Origin and Evolution of the Vertebrate Immune System, *Curr. Top. Microbiol. Immunol.* **248**, 1-324（2000）.

8）片桐千明：リンパ組織の発生と分化－系統発生と個体発生，岩波講座・現代医学の基礎8・免疫と血液の科学（西川伸一・本庶佑編），岩波書店，1999，pp.23-44.

9）中山俊憲：レパートリー形成，岩波講座・

現代医学の基礎 8・免疫と血液の科学（西川伸一・本庶佑編），岩波書店，1999，pp.45-63.

10）A. G. Zapata, A. Chiba, and A. Varas : Cells and tissues of the immune system of fish, "The Fish Immune System. Organism, Pathogen, and Environment" (ed. by G. Iwana and T. Nakanishi), Academic Press, 1996, pp. 1-62.

11）浴野成生：B 細胞の系統発生，医学のあゆみ，**200**，569-574（2002）.

12）友永 進：免疫応答の場の系統発生，細胞，**24**，100-104（1992）.

13）山岸秀夫：遺伝子に見る免疫系の進化，免疫系の遺伝子戦略－免疫防御システムの分子遺伝学，共立出版，2000，pp.97-115.

14）桂 義元・河本 宏：造血プロセスに現れる T，B リンパ球進化の足跡，医学のあゆみ，**199**，183-188（2001）.

15）K. Hashimoto, T. Nakanishi, and Y. Kurosawa : Isolation of carp genes encoding major histocompatibility complex antigens. *Proc. Natl. Acad. Sci. USA*, **87**, 6863-6867（1990）.

16）S. Ohno : Evolution by gene duplication, Springer-Verlag（1970）.

17）藤井 保：円口類の生体防御系，医学のあゆみ，**200**，269-274（2002）.

18）T. Fujii, T. Nakamura, A. Sekizawa and S. Tomonaga : Isolation and characterization of a protein from hagfish serum that is homologous to the third component of the mammalian complement system. *J. Immunol.*, **148**, 117-123（1992）.

19）H. Ishiguro, K. Kobayashi, M. Suzuki, K. Titani, S. Tomonaga, and Y. Kurosawa : Isolation of hagfish genes encoding a complement component. *EMBO J.*, **11**, 829-837（1992）.

20）M. Nonaka : Origin and evolution of the complement system. *Curr. Top. Microbiol. Immunol.*, **248**, 37-50（2000）.

21）B. J. Morley and M .J. Walport : The complement system, "The Complement. FactsBook"（ed. by B. J. Morley and M. J. Walport）, Academic Press, 2000, pp. 7-22.

22）Y. Endo, M. Takahashi, M. Nakao, H. Saiga, H. Sekine, M. Matsushita, M. Nonaka, and T. Fujita : Two lineages of mannose-binding lectin-associated serine protease (MASP) in vertebrates. *J. Immunol.*, **161**, 4924-4930（1998）.

23）X. Ji, K. Azumi, M. Sasaki, and M. Nonaka : Ancient origin of the complement lectin pathway revealed by molecular cloning of mannan binding protein-associated serine protease from a urochordate, Japanese ascidian, *Halocynthia roretzi*. *Proc. Natl. Acad. Sci. USA*, **94**, 6340-6345（1997）.

24）E. Bengtén, M. Wilson, N. Miller, L. W. Clem, L. Pilström and G. W. Warr : Immunoglobulin isotypes : structure, function, and genetics. *Curr. Top. Microbiol. Immunol.*, **248**, 189-219（2000）.

II. 液性免疫

2. 生殖内分泌系による魚類免疫系の制御

鈴　木　　譲*

　シンポジウムで私に与えられたテーマは「免疫グロブリンとリンパ球」というものであった．それだけで一つのシンポジウムが開きうる大きなテーマである．しかし，免疫グロブリンの基本構造や，多様な抗原特異性の獲得機構などについてはかなり解明されてきているものの，マクロファージによる抗原提示機構，サイトカインを介したT細胞による抗体産生制御機構など，免疫応答の基本的な仕組みについて，魚類においてはその詳細がなお明らかになっていない．魚類で得られている知識だけで免疫現象を説明しようとすると，網羅的な記述には大きな困難が伴う．哺乳類の知識で補わなければならないのである．

　そうした免疫機構の詳細を解析し，全体像を描くことは極めて重要な課題である．その一方，水産上は，魚種ごとの，あるいは個体ごとの免疫応答能を評価していく手法を開発していくこともまた併せて重要である．筆者らはこれまで，ニジマスが産卵期になると病気にかかりやすくなる現象に着目し，性成熟に伴い免疫能が低下していく仕組みを生殖内分泌系の免疫への影響という視点から解析し，これを産卵期に病気にもならず何度も産卵するコイ科魚と比較検討してきた．その中で，抗体産生能に与えるステロイドホルモンの影響について新しい知見を得て報告してきたので，以下，魚類の免疫系を概説するとともに，それらの成果を中心にまとめていくこととする．

§1. リンパ球と免疫グロブリン

　筆者らの研究結果について述べる前に，上記のシンポジウムの趣旨に沿って，まず魚類免疫系についてその概要を記す．

　抗原と結合する分子としてプラズマ細胞から分泌されるのが抗体であり，免

* 東京大学大学院農学生命科学研究科

疫グロブリンというタンパク
質である．魚類の免疫グロブ
リンについては比較免疫学的
興味からの研究が盛んであ
り，遺伝子レベルでの情報も
充実してきた[1, 2]．分子構造
の違いからタイプ分けされ，
哺乳類では IgM，IgG，IgA，
IgE，IgD というクラスが知
られているが，魚類では IgM
（immunoglobulin M）が主
であり，近年 IgD の存在も遺
伝子レベルで明らかとなって
いる．免疫グロブリンは H 鎖
と L 鎖という 2 つのポリペプ
チド鎖，各 2 本からなる基本

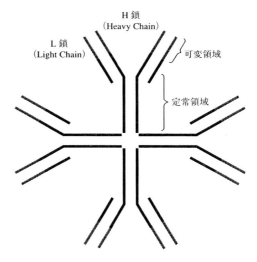

図 2・1　魚類免疫グロブリン（IgM）の模式図.
軽鎖 2 本，重鎖 2 本の基本構造が 4 量体を形成している.
各鎖の抗原結合領域は変異に富み，さまざまな抗原に対
応できる.

構造をもつ．魚類の IgM はそれがさらに 4 量体を形成している点，5 量体の
哺乳類の IgM とは異なっている（図 2・1）．H 鎖，L 鎖の分子量はそれぞれ 70
〜80 kDa，25 kDa 前後であり，魚種により異なる．

　H 鎖，L 鎖はそれぞれ定常領域（constant region）と，先端部分の可変領
域（variable region）をもつ．可変領域のアミノ酸配列は極めて変異に富み，
さまざまな抗原に特異的に結合することができる分子が用意されている．この
多様性は，B 細胞が成熟する段階で，可変領域をコードする多数の遺伝子が用
意されていて，その間での組換えや突然変異などが起こることにより形成され
る．最終的には 1 つの B 細胞−プラズマ細胞は 1 種類の抗体を産生すること
となり，それだけ多様な B 細胞が用意されて抗原刺激に備えているのである．

　生体が微生物の侵入や異種タンパクの取り込みなどの抗原刺激を受けるとそ
の抗原に特異的に結合する抗体を産生する．これは B 細胞が抗原にあわせて分
化することによるのではなく，上に述べたような機構で生体内に用意されてい
る多様な B 細胞の中から抗原に適合するものが選択され，増殖し，プラズマ細

胞へと分化，抗体を産生することによるのである．この過程をクローン選択という．この時，B 細胞表面に発現している膜型抗体が抗原と結合できると，そのクローンが選択されることとなる．さらに，抗原を貪食したマクロファージがその抗原の情報を細胞表面に提示すると，それに結合したヘルパー T 細胞がサイトカイン（免疫応答などで見られる細胞間相互作用のメディエーター）を放出し，B 細胞の分裂・増殖，プラズマ細胞への分化が誘導される．サイトカインにはさまざまな種類があり，これらの応答には IL-4（interleukin-4），IL-6 などが関わっているが，魚類ではサイトカインに関する知見が十分蓄積されておらず[3]，その詳細は明らかになっていない．

　これらの反応のうち，マクロファージによる抗原提示は，貪食した異物の断片を主要組織適合抗原（MHC 抗原，major histocompatibility antigen）上で行なわれる．MHC にはすべての細胞の表面に発現しているクラス I と，免疫系の細胞のみがもつクラス II があり，この反応にはクラス II が関与している．いずれの MHC も個体ごとの変異が大きく，自己と非自己との識別の鍵を握る分子である．魚類の MHC 分子についての知見は，ようやく集積されつつある状況である[4]．一連の抗体産生応答の過程で，B 細胞の一部は記憶細胞となり，同じ抗原による攻撃を再度受けたときには速やかな応答を引き起こす．以上は哺乳類の知見に沿ったものであるが，魚類でも基本的に同様であろうと考えられている．しかし，哺乳類では 2 度目の抗原刺激を受けた際には，IgM とは別の，IgG というクラスの抗体が極めて速やかな応答を示すのに対し，IgM しかもたない魚類ではこの二次応答が哺乳類に比べて緩慢であり，抗体価の上昇も低い．魚類の免疫能を評価しようとする時，抗原に応答する抗体を追うことも重要であるが，IgM 量など，より簡便な手法を開発していくこともあわせて重要である．

　哺乳類では侵入した菌はリンパ管に入り，各所にあるリンパ節でトラップされて免疫応答が起こる場合が多い．魚類ではリンパ系が発達せず，リンパ節もない．侵入した菌が局所で処理されない場合は腎臓，特に頭腎部や脾臓のリンパ様組織でトラップされるため，これらの組織が免疫応答の場となる．リンパ組織としては胸腺もあげられるが，T 細胞の分化に関わる器官であり，直接免疫応答に関わってはいない．さらに，感染の経路となる皮膚や消化管には免疫

担当細胞が存在し，体内の免疫系とはある程度独立した免疫系が存在すると考えられている．魚類の免疫能を評価しようとする時，末梢血リンパ球のみに着目するのではなく，頭腎，脾臓，さらには皮膚のリンパ球の機能を調べることも大切である．

§2. 免疫能の測定

　魚類の生体防御能，特に液性免疫を評価するには，リンパ球の機能を測定することが必須である．リンパ球には抗体産生に関わる B 細胞と免疫応答制御に関わる T 細胞とがあり，それらを区別して検討していく必要があるが，多くの魚類でそれらを確実に識別するモノクローナル抗体が得られておらず，研究進展の妨げになっている．しかし，B 細胞−プラズマ細胞の抗体産生能を測定することは可能である．例えば免疫グロブリン量，特異抗体量，免疫グロブリン産生細胞数，抗体産生細胞数の測定である．

　抗体は，抗原の種類により，菌の場合は凝集力価，タンパク質の場合はゲル内沈降反応を利用した方法により比較的簡便に検出できる．より詳細な分析には酵素免疫測定法（EIA）が用いられることが多い．あらかじめ抗原をコートしたプラスティックプレートの各ウエルに試料液を加えて反応させ，次に酵素標識した魚類免疫グロブリンに対する抗体を反応，酵素の基質を加えて発色させ，比色することにより測定するもので，最初に免疫グロブリンに対する非標識抗体をコートしておけば免疫グロブリン量の測定も可能である．

　類似の手法で抗体を産生する細胞の数を算定するのが ELISPOT 法である（図 2・2）．抗原，あるいは免疫グロブリンに対する抗体をコートしたプレートにあらかじめ計数した細胞を入れて培養後，細胞を取り除き，EIA と同様，標識抗体，酵素基質を加えて発色させる．この時，沈着性の反応生成物が生じるような基質を選ぶと，特異抗体，あるいは免疫グロブリンを分泌する細胞があった位置にスポットが生じる．これを計数することにより，最初に加えた細胞の何％が抗体，あるいは免疫グロブリンを分泌していたかを知ることができるのである．

　筆者らはこれらに加えて，免疫グロブリンの mRNA を測定する系も用いている．この場合，細胞膜上に発現する膜型 IgM と，プラズマ細胞により作ら

れる分泌型 IgM を分けて測定することができるのが特徴であり，免疫能の新たな側面を探ることにつながるものと考えている．

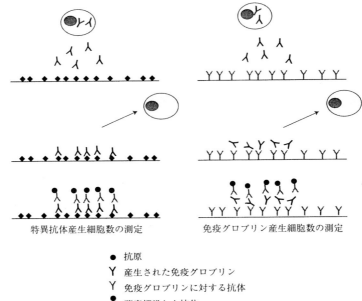

特異抗体産生細胞数の測定　　　　免疫グロブリン産生細胞数の測定

● 抗原
Y 産生された免疫グロブリン
Y 免疫グロブリンに対する抗体
ϒ 酵素標識した抗体

図 2・2　IgM 分泌細胞数，特異抗体産生細胞数を測定するための ELISPOT 法の模式図．抗原（左図），または IgM に対する抗体（右図）をコートしたプラスティックプレートのウエル内で細胞を培養し，細胞除去後，抗原または抗 IgM 抗体と結合した IgM を標識抗 IgM 抗体で検出することにより，細胞数を測定する．

　直接免疫能とは結びつかないが，様々な因子がリンパ球のアポトーシスを通じて免疫能低下を引き起こすことが知られており，筆者らは，このアポトーシスを初期の段階で検出する系を開発し，ステロイドのリンパ球に対する作用を検討した．詳細は後述するが，生きている細胞を FDA で，死んでいる細胞をPI で染色すると，FDA ネガティブ，PI ネガティブ，すなわち初期アポトーシス細胞が検出できるのである．

§3．免疫能の季節変化とその要因
　いうまでもなく免疫系は病気を防ぐ仕組みである．その一方，免疫系は単に

病原を処理する機構ではなく，異常事態に対して生体を正常な状態に保とうとする機構として生体制御系の一員である．生体を制御するシステムには神経系と内分泌系があるが，それに免疫系を加えるべきなのである．神経系は，個体の内外の環境変化に対してすばやく応答するのに有効であるのに対し，内分泌系は比較的ゆっくりとした，より長時間にわたる応答を支配している．神経，内分泌，免疫は独立の系であると同時に，お互いに密接な関係にあり，ネットワークを構築している[5]．感染など体の異常情報は免疫系を介して神経系，内分泌系の応答をもたらす．免疫系特有の伝達物質と考えられていたサイトカインが内分泌系でも重要な働きをしていること，ホルモンとして知られていた物質が免疫系の細胞で産生される現象など，互いの系の密接な関係が明確になっているのである．ここでは魚類免疫系が生殖内分泌系によりどのように制御されているのか，筆者らの研究を中心に記すこととする．

　魚類の免疫系も様々な要因により変動する．変温動物である魚類にとって，水温は最も重要な要因の一つであり，水温の変化は免疫能の変化をもたらす[6]．多くの魚で冬のリンパ球の減少や抗原に対する応答性の低下が知られている．冬季の低水温に伴う血漿中抗体量の低下もニジマスで報告されている[7]．しかし，抗体量と水温との関係を否定する報告もあり[8, 9]，免疫能の季節変動に対する水温の影響は必ずしも明らかでない．

　一方，免疫能の年周変動要因は水温だけではない．生殖もまた年周変動を示す現象であり，生殖と関連した免疫能の変動についても，特に繁殖期に病気になりやすいサケ科魚に注目が集まっていた．たとえばブラウントラウトにおけるリンパ球減少や[10]，マスノスケにおける抗体産生細胞数の減少などである[11]．サケ科魚では産卵期にはコルチゾル（F）量が上昇する．Fの免疫抑制作用は魚類でも明確に認められていることから[12]，こうした免疫抑制の原因と考えられてきた．しかし，テストステロン（T）や他のアンドロジェンもまた免疫抑制に働くとの見解も示されている[13, 14]．筆者らは生殖内分泌系と免疫との関係を明らかにする目的で，繁殖期に病気になりやすいニジマスと，健康に産卵を繰り返すコイ科魚について，まず免疫能の季節変動とホルモン量との関係を観察した．

3・1　ニジマス免疫能の季節変化とその要因

　ニジマスは産卵期には耐病性が低下し，カビ病にかかりやすくなる．産卵期の異なる 3 系統のニジマスを，自然日長，一定水温で飼育して経時的に採血し，血漿中 IgM 量と，性ステロイド，すなわち雌では T とエストラジオール17 β（E_2），雄では T と 11-ケトテストステロン（11-KT）の量を測定することにより，生殖内分泌系と免疫能との関係を明らかにすることを試みた [15]．各性ステロイドは産卵期の 2〜3ヶ月前，すなわち卵黄蓄積期には上昇し始め，産卵期にはむしろ減少し始めた．免疫グロブリン量は各ステロイドの上昇に合わせて下降し始め，産卵期終了後回復に向かった．

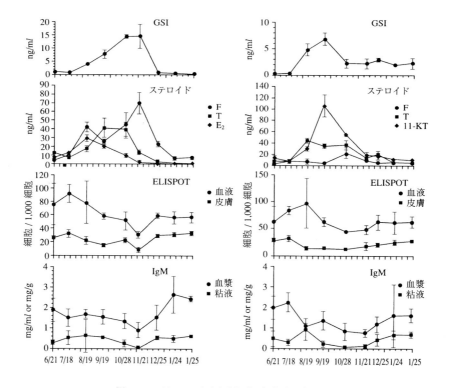

図 2・3　ニジマスの生殖内分泌系，免疫系の季節変動
　左が雌，右が雄で，上から GSI，血漿中 F および性ステロイド量（雌では T と E_2，雄では T と 11-KT），末梢血および皮膚から分離したリンパ球における IgMSC 数，血漿中，粘液中の IgM 量.

　この実験では，個体識別して繰り返し採血を行った．そこで，産卵期にカビ病が顕著に現れた個体とそうではない個体とを過去にさかのぼって IgM 量の変動を見てみたところ，産卵期近くになると両者に差はないが，産卵期前数ヶ月間は病気個体では病気でない個体に比べて有意に IgM レベルが高かった．このことは IgM 量と実際の病気に対する抵抗性との間に何らかの関係があることを示すものである．しかし，それがどのようなものかは明らかでない．

　先の実験をさらに推し進め，同様に自然日長，一定水温で飼育したニジマス集団から，経時的に魚を取り上げ，血漿中，粘液中の IgM 量，末梢血，脾臓，頭腎および皮膚から分離したリンパ球における IgM 産生細胞（IgMSC）数，F 量，それに性ステロイド量（雌では T と E_2，雄では T と 11-KT）を測定した [16]．図 2·3 に結果を示すが，特に雌で顕著なように 11 月の産卵期以前に，卵黄蓄積期における性ステロイドの上昇に呼応して血漿中 IgM 量，末梢血およびデータは示していないが脾臓，頭腎リンパ球中の IgMSC 数の同様の減少が認められた．また，粘液中 IgM 量の減少も明瞭であり，産卵期に皮膚にカビがつきやすくなることとの関係が注目される．F については，特に雌で顕著なように，卵黄蓄積期ではなく産卵期に上昇が認められ，産卵期にいたる過程での免疫抑制を説明できるものではなかった．

3·2　キンギョ IgM 量の年周変化と生殖内分泌系

　産卵期に病気になることのないコイ科魚ではどうだろうか．自然水温，自然日長で飼育したキンギョから，2 ヶ月ごとに 3 年間継続して採血し，血漿中 IgM と性ステロイド量（雌では T と E_2，雄では T と 11-KT）を測定した [17]．図 2·4 に示すように，IgM 量は春〜夏に高く，冬に低い明瞭な季節変化を示し，水温と IgM 量との正の相関が認められた．しかし，グラフをより詳細に観察すると，春と秋とでは同じ水温にも関わらず春の方が常に高値を示していることが読み取れる．キンギョは春が産卵期であり，各性ステロイドが上昇している時期である．各ステロイド量と性ステロイド量との間には高い相関関係が認められる．低水温による免疫抑制の影響を排除するため，水温 15℃以上のデータのみについて解析すると，IgM と水温との間には有意な相関は認められず，むしろ各ステロイド量との間の相関が際立ってくる．すなわち，キンギョの IgM は水温の影響を受けつつも，性成熟と密接に連動して上昇するもの

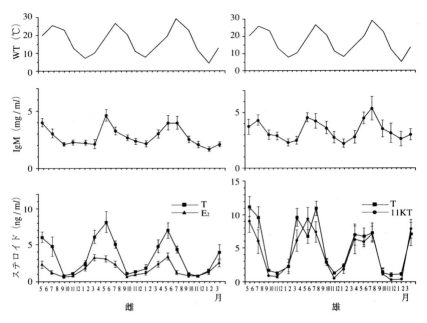

図 2・4　キンギョの生殖内分泌系，免疫系の季節変動
左が雌，右が雄で，上から水温，血漿中 IgM 量，性ステロイド（雌では T と E₂，雄では
T と 11-KT）量．

と考えられる．これはニジマスの結果と明らかに異なるもので，産卵期に特に病気にかかりやすくならないことと関係があるものと考えられる．

3・3　コイの抗体産生能の季節変化と生殖内分泌系

　抗体産生と生殖内分泌系との関係をより詳細に解析するため，コイを材料に飼育実験を行った．自然水温，自然日長で飼育したコイを経時的に取り上げ，IgM 量，IgMSC 数，F，それに性ステロイドとして雌では T と E₂，雄では T と 11-KT とを測定した（Saha *et al.*, 投稿中）．IgMSC は，末梢血，脾臓，頭腎から分離したリンパ球について，抗 IgM を吸着させたプレートを用いた ELISPOT 法により測定した．その結果，IgM 量，IgMSC 数ともに，産卵期の春に高く，夏には低下し始め，冬に低値となり，生殖内分泌系の活性化と相関した明瞭な季節変動が認められた．

　この実験では F 量も測定しているが，その変動は水温と相関しており，産卵

期の 5 月から夏にかけて，$100 \sim 200 \, ng/ml$ と，他魚種での報告に比べても著しく高い値を示した．F は強力な免疫抑制作用をもつことが知られており，後述のようにコイにおいても *in vitro* で投与すると抗体産生の抑制が認められることから，産卵期において高 F 値にも関わらず免疫能が高いのは，F による免疫抑制を抑える何らかの調節機構が存在するものと考えられる．

§4. 性ステロイドの免疫能に対する影響

自然状態で飼育したコイ科魚，サケ科魚についての観察結果から，それらの魚における免疫系のステロイドに対する感受性に違いがあることが示唆された．それまで，F など副腎皮質ステロイドによる免疫抑制は，ストレスとの関係でよく知られていた [12]．また，T による免疫抑制もアポトーシス誘導も含めて，明らかとされていた [14, 18]．しかし，それだけでニジマスとキンギョやコイの周年変化の違いを説明できるものではない．そこで，実験的にステロイドを *in vivo*, *in vitro* で作用させて，免疫調節におけるステロイドの役割の魚種による違いを調べた．

4・1　ニジマス IgM 量に対するステロイドホルモン投与の影響

産卵期におけるサケ科魚の耐病性の低下は F によるものであると信じられてきた．実際，産卵期には F が上昇し [19]，F が免疫抑制に働くというデータは数多くある [12]．しかし，免疫能とステロイドレベルの年周変化は，性ステロイドも免疫調節に関わっていることを示唆している．そこで，F や各性ステロイドを未熟のニジマスに投与して，免疫グロブリン量に与える影響を調べた．

T あるいは F を，徐放性をもたせるためにココナッツ油に溶解し腹腔内に注射し，経時的に取り上げて，血漿中，体表粘液中の IgM 量を測定した [20]．血漿中 IgM は注射というストレスによる低下があって明瞭ではないものの，T，F 投与魚での IgM 低下は 35 日後においても回復せず，免疫抑制作用が認められた．一方，体表粘液では注射というストレスの影響は現れず，F，T による明確な IgM 量の低下が認められた（図 2・5）．産卵期のニジマスにおいて，体表のカビ病が顕著であることと関係があるのかもしれない．同様に 11-KT，E_2 を投与した結果，11-KT，E_2 による血漿 IgM 量の有意な低下が認められたほか，粘液中 IgM も E_2 により有意に減少した．

　これら注射による投与では，ストレスのため結果が安定しない傾向が見られることから，F，T を餌に混ぜて未熟のニジマスに投与し，血漿中，粘液中 IgM 量の変動を調べたところ [20]．これらステロイドによる血漿中 IgM の低下は明瞭に認められた．E_2 を経口投与した場合にも同様に IgM 産生能の低下が認められ（未発表），ニジマスでは，F だけでなく，性ステロイドが免疫抑制に働き，それが産卵期の耐病性低下に結びついているものと推定された．

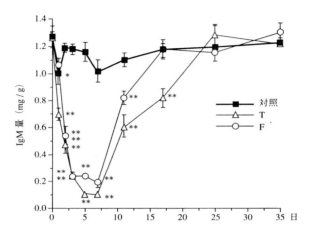

図 2・5　F または T を投与されたニジマスの体表粘液中 IgM 量の変化

4・2　ニジマス IgM 産生細胞に対するステロイドホルモンの作用

　ニジマスに対する *in vivo* でのステロイド投与実験の結果は，性成熟に伴うステロイド量の増加が，免疫能低下をもたらすことを示しているが，生体内には神経系，内分泌系，そして免疫系の様々な調節機構が存在することから，それらをできるだけ排除し，ステロイドの IgM 産生細胞に対する作用を明確にするための *in vitro* の実験を行なった [21]．

　未熟のニジマスの末梢血，脾臓，頭腎および皮膚からリンパ球を分離し，F，T，E_2，11-KT を含む培養液で 6 日間培養後，ELISPOT 法により IgM 分泌細胞数を測定した．その結果，すべての組織で，これらすべてのホルモンによる IgM 分泌細胞数の減少が認められ，少なくともリンパ球画分のみに対するステロイドの作用で免疫抑制が起こることが明らかとなった．培養液に抗原と

して TNP-LPS を加えて特異抗体産生細胞数を計測した実験においても，F のみならず他のすべての性ステロイドによる抗体産生の抑制が認められた．TNP は胸腺非依存性の抗原として知られており，この免疫抑制に T 細胞が関与しないことも示唆された．

4・3　ニジマス IgM の mRNA 発現量に対するステロイドホルモンの影響

ステロイドによる免疫抑制が，IgM 合成分泌のどの段階に作用しているのかを明らかにするため，ニジマスにおいて，ステロイドホルモンが IgM の mRNA 発現量に及ぼす影響を調べた．IgM には，細胞表面の膜型 IgM と分泌型 IgM とがあるが，これらを区別できるプローブを作成し，mRNA 量を測定する定量 PCR の系を確立した．蛍光プローブを用いることで，PCR のサイクルごとに蛍光色素の量が増幅，それをモニターし，一定量の蛍光を発するまでのサイクル数により当初の mRNA コピー数を計測する，というのがその概要である．

未熟ニジマスの末梢血からリンパ球を分離，F，T，11-KT，E_2 と共に 3 または 6 時間培養した後，リンパ球から RNA を抽出し，cDNA を合成，膜型，分泌型それぞれに特異的なプローブを用いて定量 PCR を行った（Saito ら未発表）．その結果，いずれのホルモンも培養 3 時間後までには膜型，分泌型両 IgM の mRNA 発現量を明瞭に抑制した．このような短時間の抑制は，これらのステロイドが IgM 産生細胞に直接作用していることを示唆している．また，膜型 IgM の発現抑制は，抗原応答性をもつ成熟した B 細胞の減少を意味するものであり，新たな抗原に対する応答能の低下をもたらすものと考えられる．また，分泌型 IgM の減少は，たとえ膜上の抗原リセプター（膜型 IgM）が正常に機能していても，抗原に対応する免疫グロブリンの産生を抑制することを意味するものである．これらを合わせて考えると，性成熟に伴うステロイドの上昇は，極めて急速な抗体産生能低下を引き起こしているものと思われる．とはいえ，この抗体産生能低下がどのような機構で起こっているのか，末梢血白血球におけるステロイドリセプターに関する知見も限られているだけに[22]，今後の課題として残されている．

IgM の mRNA を測定するこの手法は，短時間の培養で結果が出るため，抗体産生能に影響するさまざまな因子を解析する手段として有望であり，今後の

進展が期待される.

4・4 コイリンパ球の抗体産生能に対するステロイドホルモンの影響

ニジマスにおける上述の研究結果と比較するため,コイ科魚の免疫系に対するステロイドの影響を,まず *in vitro* での抗体産生に対する作用という視点から検討した(Sahaら,未発表).コイの末梢血,脾臓,頭腎からリンパ球を分離し,様々な濃度の F,T,E_2,11-KT を含む培養液で 12,24,48 時間培養後,ELISPOT 法により IgM 分泌細胞数を測定した.同時に培養上清の IgM 量の測定も行った.その結果,F を作用させた場合には 10 ng / m*l* という,夏期の血漿中 F 値を大幅に下回る低レベルで IgM 分泌細胞数,分泌される IgM 量の抑制が認められた.しかし,性ステロイドに関しては,脾臓において T による抑制が若干見られたのみで,明瞭な作用は認められなかった.

4・5 ステロイドホルモンによるコイリンパ球のアポトーシス誘導

免疫抑制機構の中で,アポトーシスもまた重要な役割を演じているものと考えられている.Weytsら[23]は,F によるコイ B 細胞のアポトーシスを,Slater and Schreck[18]は T によるサケ科魚リンパ球のアポトーシスを観察しており,様々なステロイドの作用にアポトーシスが関係していることが考えられる.筆者らは,FDA と PI とで 2 重染色することで,簡便にアポトーシスを検出する方法を開発した[24].FDA は生細胞のもつ非特異的エステラーゼの作用を受けて緑の蛍光を発するよう変化する.PI は死細胞の細胞膜を透過して核に結合する赤色蛍光物質である.細胞にこれらの色素を作用させてフローサイトメーターで分析すると,FDA 陰性,PI 陰性,すなわち生きていないが死んでいない,という細胞群集が認められる.これがアポトーシス初期の細胞である.

コイの末梢血,脾臓,頭腎のリンパ球,それに胸腺細胞を様々な濃度の F,T,E_2,11-KT と共に 12,24 時間培養後,アポトーシスを起こしている細胞の比率を調べた.その結果,リンパ球の起源の如何によらず,F にのみアポトーシス誘導作用が認められた.この結果は,抗体産生細胞数や抗体産生量に対する作用を見た実験とほぼ同様であり,F の免疫抑制の少なくともその一部がリンパ球のアポトーシスを介して起こることを示すものである.

ニジマスやコイ科魚を用いたこれらの研究により,免疫系のステロイドに対

する応答性の違いが耐病性の違いに結びつき，コイ科魚では産卵期にも健康に
過ごすことができるのに対し，ニジマスでは病気にかかりやすくなることと密
接に関係しているものと推定された．すなわち，コイ科魚ではFのみが免疫抑
制に働くのに対し，ニジマスでは卵黄蓄積期に上昇する性ステロイドも免疫抑
制に関与しているのである．その上，産卵期のコイでは，高いFレベルにある
ものの，その作用は何らかの機構により打ち消されて，免疫応答能は維持され
ている．ニジマスでは性ステロイドとFの相乗効果により，一層の免疫抑制が
かかっているものとも考えられる．

　魚種によるステロイドに対する応答性の違いが何に由来するのか，その機構
を詳細に明らかにすることはできなかった．これらの研究では，B細胞の免疫
グロブリン産生にのみ着目して行われているが，免疫系の制御機構を考える時
に，T細胞，抗原提示細胞，そしてサイトカインなど細胞間での調節因子を考
慮することが必須である．魚類においてもT細胞のマーカーやサイトカインな
ど，免疫系の重要な因子についての情報が集積しつつあるが，それらはまだ断
片的であり，1種類の魚で総合的に解析するには十分なものではない．筆者ら
は，全ゲノムの90％以上が解析，公表されているトラフグを用いれば，細胞
マーカーやサイトカインなどの主要因子を明らかにすることができ，より詳細
な解析が可能になるものと考えて，研究を進めている．

文　献

1) D. A. Ross, M. R. Wilson, N. W. Miller, L. W. Clem, and G. W. Warr : Evolutionary variation of immunoglobulin mu heavy chain RNA processing pathways : Origins, effects, and implications. *Immunol. Rev.*, 166, 143-151 (1998).

2) T. Ota, T. Sitnikova, and M. Nei : Evolution of vertebrate immunoglobulin variable gene segments. in "Current topics in microbiology and immunology. Origin and evolution of the vertebrate immune system" vol. 248, (ed. Du Pasquier,L. and Litman), Springer, 2000, pp.221-245.

3) C. J. Secombes, T. Wang, S. Hong, S. Peddie, M. Crampe, K. J. Laing, C. Cunningham, and J. Zou : Cytokines and innate immunity of fish. *Dev. Comp. Immunol.*, 25, 713-723 (2001).

4) T. Nakanishi, U. Fisher, J. M. Dijkstra, S. Hasegawa, T.Somamoto, N.Okamoto, and M. Ototake : Cytotoxic T cell function in fish. *Dev. Comp. Immunol.*, 26, 131-139 (2002).

5) 広川勝昱: "神経・内分泌・免疫系のクロストーク", 学会出版センター, 1993, pp.209 (1993).

6) A. G. Zapata, A. Varas, and M. Torroba :

Seasonal variations in the immune systems of lower vertebrates. *Immunol. Today*, **13**, 142-147 (1992).

7) C. Sánchez, M. Babin, T. Tomillo, E. M. Ubeira, and J. Domínguez : Quantification of low levels of rainbow trout immunoglobulins by enzyme immunoassay using two monoclonal antibodies. *Vet. Immunol. Immunopathol.*, **36**, 65-74 (1993).

8) N. J. Olesen and P. E. Vestergård Jorgensen : Quantification of serum immunoglobulin in rainbow trout *Salmo gairdneri* under various environmental conditions. *Dis. Aquat. Org.*, **1**, 183-189 (1986).

9) P. H. Klesius : Effect of size and temperature on the quantity of immunoglobulin in channel catfish, *Ictalurus punctatus*. *Vet. Immunol. Immunopathol.*, **24**, 187-195 (1990).

10) A. D. Pickering and T. G. Pottinger : Lymphocytopenia and interregnal activity during sexual maturation in the brown trout. *J. Fish Biol.*, **30**, 41-50 (1987).

11) A. C. Maule, R. Schrech, C. Slater, M. S. Fizpatrick, and C. B. Shreck : Immune and endocrine responses of adult Chinook salmon during freshwater immigration and sexual maturation. *Fish Shellfish Immunol.* **6**, 221-233 (1996).

12) C. B. Schreck : Imminomodulation : Endogenous factors, in "The fish immune system : organism pathogen and environment" (ed. by G. Iwama and T. Nakanishi), Academic Press, 1996, pp.311-337.

13) C. H. Slater and C. B. Schreck : Testosterone alters the immune response of chinook salmon, *Oncorhynchus tshawytscha*. *Gen. Comp. Endocrinol.*, **89**, 291-298 (1993).

14) C. H. Slater, M. S. Fitzpatrick, and C. B. Schreck : Androgens and immunocompetence in salmonids: specific binding in an reduced immunocompetence of salmonid lymphocytes exposed to natural and synthetic androgens. *Aquacult.* **136**, 363-370 (1995).

15) Y. Suzuki, T. Otaka, S. Sato, Y. Y. Hou, and K.Aida: Reproduction related immunoglobulin changes in rainbow trout. *Fish Physiol. Biochem.*, **17**, 415-421 (1997).

16) Y. Y. Hou, Y. Suzuki, and K. Aida : Changes in immunoglobulin producing cells in response to gonadal maturation in rainbow trout. *Fisheries Sci.*, **65**, 844-849 (1999).

17) Y. Suzuki, M. Orito, M. Iigo, H. Kezuka, M. Kobayashi, and K. Aida : Seasonal changes in blood IgM levels in goldfish with special reference to water temperature and gonadal maturation. *Fisheries Sci.*, **62**, 754-759 (1996).

18) C. H. Slater and C. B. Schreck : Physiological levels of testosterone kill salmonid leucocytes *in vitro*. *Gen. Comp. Endocrinol.*, **106**, 113-119 (1997).

19) A. D. Pickering and P. Christie : Changes in the concentrations of plasma cortisol and thyroxine during sexual maturation of the hatchery-reared brown trout, *Salmo trutta* L. *Gen. Comp. Endocrinol.* **44**, 487-496 (1981).

20) Y. Y. Hou, Y. Suzuki, and K. Aida : Effects of steroid hormones on immunoglobulin M (IgM) in rainbow trout *Oncorhynchus mykiss*. *Fish Physiol. Biochem.*, **20**, 155-162 (1999).

21) Y. Y. Hou, Y. Suzuki, and K. Aida : Effects of steroids on the antibody producing activity of lymphocytes in rainbow trout. *Fisheries Sci.*, **65**, 850-855 (1999c).

22) F. A. A.Weyts, B. M. L.Verburg-van Kemenade, and G. Filk : Characterization

of gluccorticoid receptos in peripheral blood leucocytes of carp, *Cyprinus carpio* L.. *Gen. Comp. Endocrinol.*, 111, 1-8 (1998).

23) F. A. A. Weyts, B. M. L.Verbuurg-van Kemenade, G. Filk, J. G. D. Lambert, and S. E. Wendelaar Bonga : Conservation of apoptosis as an immune regulatory mech-anism : effects of cortisol and cortisone on carp lymphocytes. *Brain Behavior Immunol.*, 11, 95-105 (1997).

24) N. R. Saha, T. Usami and Y. Suzuki : A double staining flow cytometric assay for the detection of steroid induced apoptotic leucocytes in common carp (*Cyprinus carpio*). *Dev. Comp. Immunol.* in press.

3. 硬骨魚類の補体の特性

矢野友紀*・中尾実樹*

　哺乳類の補体系は C1 から C9 までの 9 成分，B 因子，D 因子をはじめ，制御因子，補体レセプターを含めると約 30 種類のタンパク質からなり，炎症反応の惹起，食細胞の異物貪食促進，病原体の溶解など生体防御に重要な役割を果たす [1]．補体の活性化経路には 3 経路，すなわち，古典経路，第二経路およびレクチン経路があり，これら 3 経路の活性化は C3 の活性化ステップで合流し，さらに C5，C6，C7，C8，C9 が関与する細胞溶解経路へと続く（図 3・1）．古典経路では，抗原に結合した抗体によって，まず C1 が活性化され，以下，C4，C2，C3 の順に反応する．第二経路では，D 因子，B 因子の存在下で C3 がグラム陰性菌の内毒素（LPS），β-1, 3-グルカン，ザイモサン，ウサギ赤血球などによって直接活性化される．一方，レクチン経路ではマンノースに富む糖鎖に，マンノース結合レクチン（MBL）と MBL-関連セリンプロテアーゼ（MASP）複合体が結合し，MASP が C4，C2 あるいは C3 を活性化する [1]．C1 から C5 までの反応は連続した酵素反応であり，補体成分の活性化（ポリペプチド鎖の切断）によって生じたフラグメントの中には強い生物学的活性を示すものがある．すなわち，C4，C3，C5 の分解によって生じた分子量 10 kDa 前後の C4a，C3a，C5a はアナフィラトキシンとしてマスト細胞に働き，その細胞顆粒から毛細血管の透過性を高め，平滑筋を収縮させるヒスタミンやセロトニンを放出させる．C5a は走化性因子としても知られており，白血球を炎症局所に誘導する．一方，分子量 175 kDa の C3b は病原体に付着して C3b レセプターをもつ食細胞の異物貪食を促進する（オプソニン作用）．また，細胞溶解経路では，C5b を核に C6～C9 が分子集合して膜侵襲複合体（MAC）を形成し，MAC は病原体の細胞膜中に貫入して病原体を溶解する．

　近年，魚類の補体研究が進み，硬骨魚類には哺乳類と相同の補体系が存在することが明らかになった．しかしながら，その機能を詳細に調べると，哺乳類

* 九州大学大学院農学研究科

にはみられない特徴が認められる．本稿では，硬骨魚類の補体とその構成成分
の特性について概説する．

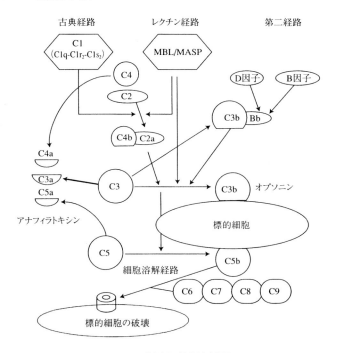

図 3・1　哺乳類の補体反応経路
略号：MBL＝mannose-binding lectin，MASP＝MBL-associated serine
protease，MAC＝membrane attack complex

§1.　補体系の特性

　硬骨魚類の補体系には哺乳類とほぼ同じ成分からなる古典経路，第二経路，
レクチン経路および細胞溶解経路が存在し，溶菌作用，食細胞の異物貪食促進，
炎症反応の惹起，B 細胞の増殖促進など哺乳類で知られている機能のほとんど
が認められる[2]．また，硬骨魚類の補体活性も哺乳類で用いられている方法に
準拠して測定できる．すなわち，古典経路活性（CH50 値）は，同種抗体で感
作したヒツジ赤血球を標的細胞に用いて Ca^{2+} と Mg^{2+} の存在下で，また第二経
路活性（ACH50 値）はウサギ赤血球を標的細胞に用いて EGTA（Ca^{2+} のキレ

ート剤）と Mg^{2+} の存在下で測定できる [3~5].

　このように，硬骨魚類の補体系の構造と機能は哺乳類によく似ているが，機能については，哺乳類とは異なる特性も認められる．たとえば，1）哺乳類では補体の最適反応温度は 37℃ であるが，硬骨魚類の場合は 15～25℃ である．2）哺乳類の補体は低温下（0～5℃）では活性（溶血活性）を全く示さないが，硬骨魚類の補体は 0℃ においても活性が認められる．その後の研究で，哺乳類では C3 の活性化ステップが温度依存性で低温下では進行しないのに対して，硬骨魚類ではこのステップが 0℃ でも進行することが分かった [6]．したがって，この特性は硬骨魚類の C3 転換酵素の特性に基づくものと考えられる．3）硬骨魚類の抗体や補体は，哺乳類とは異なり，一部の例外を除いて他魚種の抗体や補体とは適合しない [7]．例えば，コイやニジマスの抗体で感作したヒツジ赤血球に他魚種の補体を加えてもほとんど溶血せず，同種または近縁種の補体を加えたときのみ溶血が起こる．4）硬骨魚類の古典経路活性は哺乳類のそれとほぼ同じであるが，第二経路活性は哺乳類のそれよりも著しく高い値（5～60 倍）を示す．4）コイ血清から第二経路の活性化に必要な D 因子を除去すると，古典経路を介した溶血反応までもが C3 活性化の段階でブロックされる（より正確には，C3 の活性化が不十分でその後の細胞溶解経路の活性化が起きない）[8]．このことは，古典経路単独では細胞溶解経路を活性化できず，第二経路の関与が不可欠であることを示唆しており，B 因子（第二経路の成分）を欠くノックアウトマウスにおいて，古典経路による溶血が認められるのとは対照的である [9]．

　このように，硬骨魚類の補体系はその構成成分をみる限り，すでに哺乳類や鳥類とほぼ同等のレベルにまで分化・発達していると考えられるが，第二経路活性が哺乳類に比べて著しく高いことや，古典経路単独では標的細胞を溶解できないことを考え合わせると，硬骨魚類では抗体の関与なしに病原体を非特異的に処理する経路，すなわち第二経路が生体防御に重要な役割を果たしていると考えられる．

§2．補体成分の特性

　硬骨魚類の血清中には哺乳類の補体成分として知られている C1 から C9 までの 9 成分，B 因子および D 因子がすべて存在し，各成分の一次構造および

ドメイン構造も哺乳類と硬骨魚類の間でよく保存されている[10, 11]. 図3・2は主な補体成分および制御因子の模式的な分子構造（ドメイン構造）を示す. 以下に, 硬骨魚類の補体系を構成する成分の構造的特性について述べる.

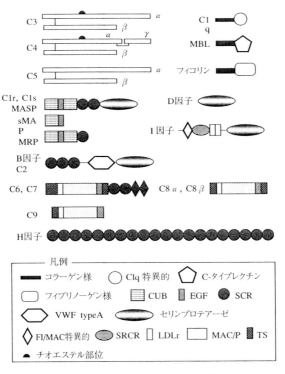

図3・2 哺乳類の補体成分のドメイン構造

C3, C4, C5 には明確なドメイン構造は認められていないので, ポリペプチド鎖構造のみを示す. 略号：MBL＝mannose-binding lectin, MASP＝MBL-associated serine protease, SRCR＝scavenger receptor cysteine-rich, LDLr＝low density lipoprotein receptor, MAC/P＝membrane attack complex/perforin-specific, TS＝thrombospondin.

2・1 C1

C1 は, 3種の亜成分 C1q, C1r, C1s が 1：2：2 のモル比で Ca^{2+} 依存的に会合した複合体である. C1q は抗原に結合した抗体の Fc 領域に結合する. 一方, C1r と C1s はセリンプロテアーゼとして C4 および C2 を活性化（限定加

水分解）する．コイからはこれまでに C1 活性を示すタンパク質が単離されているが，その詳しい亜成分組成は不明である[12]．

　1）C1q は異なる遺伝子にコードされた A 鎖，B 鎖および C 鎖が 6 本ずつ会合した分子である．各鎖の N 末端側半分はコラーゲンに相同性を示すが，C 末端側は C1q に特有の配列で，球状のドメイン構造をもつ．C1q の Fc 領域への結合は，このドメインを介して起こる．硬骨魚類の C1q 分子に関する報告はない．

　2）C1r と C1s は同じドメイン構造をもち，いずれも 1 本鎖の前駆体として C1 中に存在する．C1q が抗体に結合すると，まず C1r が自己分解して 2 本鎖の活性型に変わり，これが C1s を加水分解し，同じく 2 本鎖の活性型に変える．この活性型 C1s が C4 と C2 を限定加水分解する．最近，C1r，C1s と相同なアミノ酸配列をコードする 2 種の cDNA がコイから単離されたが[13]，その機能解析は今後の課題である．

2・2　C4

　C4 はジスルフィド結合した 3 本のポリペプチド鎖（α鎖，β鎖およびγ鎖）からなる分子量約 200 kDa の糖タンパク質である．α鎖の N 末端から 74 個のアミノ酸残基（C4a）が C1s によって切り離されると活性型（C4b）となり，α鎖の中央付近にある分子内チオエステル部位を介して異物表面に共有結合する．メダカ[14]，アメリカナマズ[15] およびコイ[16] から C4 が同定されているが，チオエステル部位や 3 本鎖構造は魚類と哺乳類の間で保存されている．

2・3　C2

　C2 はセリンプロテアーゼ前駆体で，異物表面上の C4b に結合すると，近傍の C1（C1s）によって C2a と C2b に加水分解される．前駆体の C 末端側に由来する C2a はプロテアーゼ活性を獲得し，C4b・C2a は C3 分解活性を示す．これが古典経路における C3 転換酵素として機能する．筆者らはコイから C2 活性を示すタンパク質を分離しているが[17]，このタンパク質をコードする遺伝子配列は，硬骨魚類からは未だ見つかっていない．

2・4　C3

　C3 は C4 と同じくチオエステル部位を含む分子量約 190 kDa の糖タンパク質であり，2 本鎖構造（α鎖およびβ鎖）をもつ．活性化のメカニズムも C4

と同様で，C3 転換酵素によって α 鎖の N 末端から 74 個のアミノ酸（C3a）が遊離されて活性型（C3b）に変わる．これらの活性化フラグメントは前述のように多様な生理活性を示し，補体の生体防御機能の中心を担う．これまで多くの硬骨魚類から C3 が単離あるいはクローニングされているが，チオエステル部位や 2 本鎖構造は魚類と哺乳類の間で完全に保存されている[18]．

2・5　B 因子

B 因子は C2 と同じドメイン構造をもつタンパク質であり，古典経路における C2 に相当する機能を担っている．すなわち，セリンプロテアーゼ前駆体である B 因子は C3b と複合体化し，D 因子によって Ba と Bb に切断される．そして C3b・Bb が C3 を活性化する C3 転換酵素として機能する．B 因子様の cDNA は，ゼブラフィッシュ[19]，メダカ[20]，ニジマス[21]およびコイ[22]から単離されているが，それらがコードする一次構造は哺乳類の B 因子と C2 の中間的なものであるために，硬骨魚類では B 因子と C2 が未分化であると考える研究者もいる[21]．

2・6　D 因子

D 因子は補体成分としては例外的に小さなタンパク質（分子量約 25 kDa）で，セリンプロテアーゼドメインのみをもつ．その基質特異性は非常に厳密で，C3b に結合している B 因子だけを切断する．D 因子はコイ[23]やニジマス[21]の血清から単離され，哺乳類と同様の B 因子切断作用を示すことが明らかになっている．

2・7　プロパージン

哺乳類のプロパージンは第二経路の C3 転換酵素（C3b・Bb）を安定化する役割を果たすが，硬骨魚類を含めて，哺乳類以外の動物からは未だに見つかっていない．

2・8　マンノース結合レクチン

マンノース結合レクチン（MBL）は，マンノースと N-アセチルグルコサミンに対して結合特異性を示す C-type レクチンである．構造的には，N 末端にコラーゲン様ドメイン，C 末端側にレクチンドメインが配置された分子量約 30 kDa のポリペプチドが重合した分子量約 650 kDa の巨大タンパク質である．同じドメイン構造をもつレクチンが数種報告されており，これらはコレクチン

と総称される[24]．最近，コイ，キンギョおよびゼブラフィッシュからコレクチンがクローニングされたが，それらの一次構造からは，ガラクトースに対する結合特異性が示唆されており，MBL とは言い難い[26]．

2・9　MBL-関連セリンプロテアーゼ

MBL-関連セリンプロテアーゼ（MASP）は，C1r や C1s と同じドメイン構造をもち，系統発生学的には C1r や C1s よりもむしろ古い起源をもつ．哺乳類では 3 種の MASP が知られている[26]．MASP1 は C3 分解活性を示し，MASP2 は C4 分解活性を示す．また，MASP3 は MASP1 と同じ遺伝子から選択的スプライシングによってセリンプロテアーゼドメインだけが MASP2 様のドメインと入れ替わった分子であるが，この分子の機能は解明されていない．さらに，MASP2 遺伝子からも選択的スプライシングによって触媒活性を欠損したアイソフォーム（sMAP）が生じるが，この機能にも不明な点が多い．

詳しい分子組成は不明であるが，血清中では MBL，MASP1，MASP2，MASP3 および sMAP が Ca^{2+} 依存的に複合体を形成している．この複合体は，構造および機能的に古典経路の C1 に対応しており，C1 が抗体を認識して C4，C2 そして C3 を活性化するように，レクチン経路において MBL・MASP 複合体が病原体表面のマンノースに富む糖鎖を認識して補体を活性化する．

最近，MASP と複合体を形成する新たなレクチン（フィコリン）が発見された[27]．フィコリンはコラーゲン様ドメインとフィブリノーゲン様ドメインから成り，後者が主に N-アセチルグルコサミンに対して結合特異性を示す．MBL とフィコリンは単糖レベルでは特異性が重複するが，天然のリガンドは異なる．したがって，MBL とフィコリンが認識する幅広い糖鎖リガンドがレクチン経路を活性化すると考えられる．

硬骨魚類のレクチン経路に関する情報は未だ少ないが，筆者はコイから MBL を精製するとともに，哺乳類の MASP3 に相当する分子をクローニングしている[28]．興味深いことに，コイの MASP3 をコードする遺伝子から，哺乳類の sMAP に類似した分子が選択的スプライシングによって生じる[29]．sMAP のようなプロテアーゼ活性を欠くアイソフォームが進化を通じて保存されていることは，この分子が MBL-MASP 複合体中で必須の成分であることを示唆している．

2·10　C5

C5 は，C3 や C4 と有意な配列類似性を示す分子量約 190 kDa の糖タンパク質である．C3 と同じくジスルフィド結合した 2 本鎖構造をもつが，チオエステル部位はもたない．これまでにニジマス[30, 31]とコイ[32]から C5 が同定されており，これらはチオエステル部位の欠損と 2 本鎖構造という特徴を保持している．

2·11　C6，C7，C8，C9

C6，C7，C8，C9 は，基本的なドメイン構造を共有する相同なタンパク質である．これらは分子集合して C5bC6C7C8C9n の組成をもつ膜侵襲複合体を形成し，標的細胞の細胞膜に傷害を与える．C6，C7，C9 は 1 本鎖のタンパク質であるが，C8 は別個の遺伝子の産物である3本のポリペプチド鎖（α鎖，β鎖およびγ鎖）からなる．α鎖とγ鎖はジスルフィド結合し，これにβ鎖が非共有結合的に付着している．硬骨魚類の溶解経路を構成する分子に関する知見は少なく，ニジマス[33]，ヒラメ[34]およびトラフグ[35]から C9 と C8 β鎖がクローニングされているのみである．筆者らは，コイ血清から溶血活性を保持した C8 と C9 を単離し，それらの機能を解析した．その結果，両者は哺乳類の C8，C9 とほぼ同じ反応様式を示すことがわかった[36]．また，コイ補体で処理したウサギ赤血球膜から膜侵襲複合体を単離し，その分子組成を解析したところ，哺乳類の C5 から C9 に相当するタンパク質がすべて検出された[32]．これらの結果は，補体系の系統発生において，硬骨魚類の段階で溶解経路は完成していたことを示唆する．

2·12　補体制御因子

補体の過剰な活性化は組織傷害，アレルギー，自己免疫疾患などを引き起こすことが知られている．動物は，自己の細胞を補体の攻撃から守るために，各種補体制御因子を備えている．血清中には H 因子や C4 結合タンパク質が存在し，それぞれ C3 と C4 の活性化を制御している．また，細胞表面には，DAF や MCP と呼ばれる補体制御膜タンパク質が発現している．これらの制御因子は，C3b を不活性な iC3b に分解する I 因子（セリンプロテアーゼ）の補助因子として機能する．さらに，膜侵襲複合体の形成を阻害する膜タンパク質（CD59）も細胞表面に存在する．

　硬骨魚類の補体制御因子に関する研究例は少ないが，サンドバス [37] やヒラメ [38] から H 因子様の制御因子がクローニングされているほか，コイからは I 因子がクローニングされている（未発表）．前述のように硬骨魚類は哺乳類よりも高い補体第二経路活性を示すが，各補体成分の濃度だけではこの違いを説明できない．この点を明らかにするためには，各補体反応経路の活性化効率を左右する補体制御因子の機能を分子レベルで解析することが必要である．

§3. 補体遺伝子の多重化

　上述のように硬骨魚類の補体系は，哺乳類や鳥類の補体系とは異なる機能的特性を示すが，さらに注目すべきことは，補体成分に多様性が認められることである [37]．つまり多くの補体成分をコードする遺伝子が多重化し，さらに各アイソタイプの構造と機能が多様化していることである [11]．すなわち，ニジマス [39]，ヘダイ [39]，コイ [40]，メダカ [14] およびゼブラフィッシュ [41] で複数の C3 分子が同定されているほか，コイではさらに C1r/C1s, C4, C5, B 因子，MASP の遺伝子が複数存在する [18]．コイやニジマスは 4 倍体性の染色体をもつが，ヘダイやメダカは 2 倍体であるので，C3 遺伝子の重複は 4 倍体化だけでは説明できない．また，コイにおいても，4 倍体化とは異なるメカニズムによる補体遺伝子の多重化が認められる（未発表）．さらに，多重化した補体成分アイソタイプのいくつかは，明らかな機能分化を遂げている場合がある．たとえば，ニジマス，ヘダイおよびコイにおいて，C3 アイソタイプは標的異物に対する結合反応の基質特異性が異なる [39, 40]．コイを用いた筆者らの解析 [40] では，5 種の C3 アイソフォームのうち，3 種には異物に対する結合特異性を決定するアミノ酸残基（His）に変異が認められた．実際にこの His が Ser に置換した C3 アイソフォーム（C3-S）は，水酸基に結合性を示す通常の C3 とは異なり，アミノ基に結合性を示した．同様のアミノ酸置換が，コイの 2 種の C4 アイソタイプ間にも認められた [16]．また，コイでは B 因子 / C2 様の遺伝子も多重化しているが，これらのアイソタイプ間には発現組織や発現量に違いが認められる．特に，B/C2-A3 と名付けられたアイソタイプは，主に肝臓で構成的に発現する他のアイソタイプとは異なり，腎臓，脾臓で急性期応答因子様の発現動態を示すことが明らかになった [42]．

以上の知見を総合すると，硬骨魚類は進化の過程で積極的に補体遺伝子を多重化してきたとも考えられ，その結果得られた機能的多様性は，硬骨魚類の自然免疫を増強するのに役立っているのではないかと推察される．これは，獲得免疫機構が未熟な硬骨魚類にとって，その欠点を補うための生体防御戦略と解釈できるかも知れない[43]．しかしながら，この仮説を検証するためには，より多くの魚種について補体遺伝子の多様性を解明すると共に，その多重化した遺伝子産物の機能解析をさらに強力に進める必要がある．

文　献

1) S. K. A. Law and K. B. M. Reid : Complement (2nd edition), Oxford University Press, 1995.

2) T. Yano : The nonspecific immune system: Humoral defense, in "The Fish Immune System-Organism, Pathogen and Environment" (ed. by G. Iwama and T. Nakanishi) : Vol.15 in the Fish Physiology series (ed. by W. S. Hoar, D. J. Randall and A. P. Rarrell), Academic Press inc. San Diego CA, 1996, pp.105-157.

3) 矢野友紀・畑山幸宏・松山博子・中尾実樹：主要養殖魚の補体代替経路活性の測定法について．日水誌，54，1049-1054 (1988).

4) T. Yano : Assays of hemolytic complement activity, in "Techniques in Fish Immunology" (ed. by J. S. Stolen, T. C. Fletcher, D. P. Anderson, S. L. Kaattari and A. F. Rowley), SOS Pubilcations, Fair Haven, NJ, 1992, pp.131-141.

5) 矢野友紀：魚類の補体，「水産動物の生体防御」（森　勝義，神谷久男編），恒星社厚生閣，東京，1995，pp.18-28.

6) T. Yano, H. Matsuyama, and M. Nakao : Formation and characterization of an intermediate complex EAC1, 4, 2 in immune hemolysis by carp complement. *Nippon Suisan Gakkaishi*, 54, 1997-2000 (1988).

7) 松山博子・中尾実樹・矢野友紀：魚類の抗体および補体の種間適合性．日水誌，54，1993-1996 (1988).

8) 中尾実樹・矢野友紀：D 因子除去によるコイ補体古典経路活性の消失．補体シンポジウム，30，54-56 (1993).

9) M. Matsumoto, W. Fukuda, A. Circolo, J. Coellner, J. Strauss-Schoenberger, X. Wang, S. Fujita, T. Hidvegi, D. D. Chaplin, and H. R. Colten : Abrogation of the alternative complement pathway by targeted deletion of murine factor B. Proc. Natl. Acad. *Sci. USA*, 94, 8720-8725 (1997).

10) M. Nakao and T. Yano : Structure and functional identification of complement components of the bony fish carp (*Cyprinus carpio*). *Immunol. Rev.*, 166, 27-28 (1998).

11) M. Nonaka : Evolution of the complement system. *Curr. Opin. Immunol.*, 13, 69-73 (2001).

12) T. Yano, H. Matsuyama, and M. Nakao : Isolation of the first component of complement (C1) from carp serum. *Nippon Suisan Gakkaishi*, 54, 851-859 (1988).

13) M. Nakao, K. Osaka, Y. Kato, K.Fujiki, and Yano T: Molecular cloning of the com-

plement C1r/C1s/MASP2-like serine proteases from the common carp (*Cyprinus carpio*). *Immunogenetics*, **52**, 255-263 (2001).

14) N. Kuroda, K. Naruse, A. Shima, M. Nonaka, and M. Sasaki : Molecular cloning and linkage analysis of complement C3 and C4 genes of the Japanese medaka fish, *Immunogenetics*, **51**, 117-128 (2000).

15) A. W. Dodds, S. L. Smith, R. P. Levine, and A. C. Willis : Isolation and initial characterisation of complement components C3 and C4 of the nurse shark and the channel catfish. *Dev. Comp. Immunol.*, **22**, 207-216 (1998).

16) J. Mutsuro, N. Tanaka, S. Totsuka, Y. Kato, M. Nakao, and T. Yano : Purification and cloning of two divergent C4 isotypes from the common carp. *Dev. Comp. Immunol.*, **24**, S24 (2000).

17) T. Uemura, M. Nakao, and T. Yano : Isolation of the second component of complement (C2) from carp serum. *Nippon Suisan Gakkaishi*, **58**, 727-733 (1992).

18) M. Nakao, J. Mutsuro, and T. Yano : Expansion of the genes encoding complement components in bony fish. *In* "Recent Research Developments in Immunology, Vol.3, Part I", S. G. Pandalai ed. pp 15-32, Research Signpost (2001).

19) A. Seeger, W. E. Mayer, and J. Klein : A complement factor B-like cDNA clone from the zebrafish (*Brachydanio rerio*). *Mol. Immunol.*, **33**, 511-520 (1996).

20) N. Kuroda, H. Wada, K. Naruse, A. Simada, A. Shima, M. Sasaki, and M. Nonaka : Molecular cloning and linkage analysis of the Japanese medaka fish complement Bf/C2 gene. *Immunogenetics*, **44**, 459-467 (1996).

21) J. O. Sunyer, I. Zarkadis, M. R. Sarrias, J. D. Hansen, and J. D. Lambris : Cloning, structure, and function of two rainbow trout Bf molecules. *J. Immunol.*, **161**, 4106-4114 (1998).

22) M. Nakao, Y. Fushitani, K. Fujiki, M. Nonaka, and T. Yano : Two diverged complement factor B/C2-like cDNA sequences from a teleost, the common carp (*Cyprinus carpio*). *J. Immunol.*, **161**, 4811-4818 (1998).

23) T. Yano and M. Nakao : Isolation of a carp complement protein homologous to mammalian factor D. *Mol. Immunol.*, **31**, 337-342 (1994).

24) J. Lu : Collectins: collectors of microorganisms for the innate immune system. *Bioessays*, **19**, 509-518 (1997).

25) L. Vitved, U. Holmskov, C. Koch, B. Teisner, S. Hansen, and K. Skjodt : The homologue of mannose-binding lectin in the carp family Cyprinidae is expressed at high level in spleen, and the deduced primary structure predicts affinity for galactose. *Immunogenetics*, **51**, 955-964 (2000).

26) M. Nonaka and S. Miyazawa : Evolution of the initiating enzymes of the complement system. *Genome Biol.*, **3**, 1001 (2002).

27) M. Matsushita, Y. Endo, and T. Fujita : Cutting Edge : Complement-activating complex of ficolin and mannose-binding lectin-associated serine protease. *J. Immunol.*, **164**, 2281-2284 (2000).

28) Y. Endo, M. Takahashi, M. Nakao, H. Saiga, H. Sekine, M. Matsushita, M. Nonaka and T. Fujita : Two lineages of mannose-binding lectin-associated serine protease (MASP) in vertebrates. *J. Immunol.*, **161**, 4924-4930 (1998).

29) T. Nagai, J. Mutsuro, M. Kimura, Y. Kato,

K. Fujiki, T. Yano, and M. Nakao : A novel truncated isoform of the mannose-binding lectin-associated serine protease (MASP) from the common carp (*Cyprinus carpio*) . *Immunogenetics*, 51, 193-200 (2000).

30) M. Nonaka, S. Natsuume-Sakai, and M. Takahashi : The complement system in rainbow trout (*Salmo gairdneri*) . II. Purification and characterization of the fifth component (C5). *J Immunol.*, 126, 1495-1498 (1981).

31) S. Franchini, I. K. Zarkadis, G. Sfyroera, A. Sahu, W. T. Moore, D. Mastellos, S .E. LaPatra, and J. D. Lambris: Cloning and purification of the rainbow trout fifth component of complement (C5). *Dev. Comp. Immunol.*, 25, 419-430 (2001).

32) M. Nakao, T. Uemura, and T. Yano : Terminal complement components of carp complement constituting a membrane attack complex. *Mol. Immunol.*, 33, 933-937 (1996).

33) S. Tomlinson, K. K. Stanley, and A. F. Esser : Domain structure, functional activity, and polymerization of trout complement protein C9. *Dev. Comp. Immunol.*, 17, 67-76 (1993).

34) T. Katagiri, I. Hirono, and T. Aoki :Molecular analysis of complement component C8beta and C9 cDNAs of Japanese flounder, *Paralichthys olivaceus. Immunogenetics*, 50, 43-48 (1999).

35) G. S. Yeo, G. Elgar, R. Sandford, and S. Brenner: Cloning and sequencing of complement component C9 and its linkage to DOC-2 in the pufferfish *Fugu rubripes. Gene*, 200, 203-211 (1997).

36) T. Uemura, T. Yano, H. Shiraishi, and M. Nakao : Purification and characterization of the eighth and ninth components of carp complement. *Mol. Immunol.*, 33, 925-932 (1996).

37) J. Krushkal, C. Kemper, and I. Gigli : Ancient origin of human complement factor H. *J. Mol. Evol.*, 47, 625-630 (1998).

38) T. Katagiri, I. Hirono, and T. Aoki : Molecular analysis of complement regulatory protein-like cDNA from the Japanese flounder *Paralichthys olivaceus. Fisheries Sci.*, 64, 140-143 (1998).

39) J. O. Sunyer and J. D. Lambris: Evolution and diversity of the complement system of poikilothermic vertebrates. *Immunol. Rev.*, 166, 39-57 (1998).

40) M. Nakao, J. Mutsuro, R. Obo, K. Fujiki, M. Nonaka, and T. Yano: Molecular cloning and protein analysis of divergent forms of the complement component C3 from a bony fish, the common carp (*Cyprinus carpio*) : presence of variants lacking the catalytic histidine. *Eur. J. Immunol.*, 30, 858-866 (2000).

41) R. Gongora, F. Figueroa, and J. Klein : Independent duplications of Bf and C3 complement genes in the zebrafish. *Scand. J. Immunol.*, 48, 651-658 (1998).

42) M. Nakao, M. Matsumoto, M. Nakazawa, K. Fujiki, and T. Yano: Diversity of complement factor B/C2 in the common carp (*Cyprinus carpio*) : Three isotypes of B/C2-A expressed in different tissues. *Dev. Comp. Immunol.*, 26, 533-541 (2002).

43) J. O. Sunyer, I. K. Zarkadis, and J. D. Lambris : Complement diversity : a mechanism for generating immune diversity? *Immunol. Today*, 19, 519-523 (1998).

4. 魚類の粘膜免疫系

中　村　　修 *

　粘膜組織は体の内表面を構成する組織で，呼吸器系や消化器系，生殖器系などの粘膜がこれに相当する．なかでも消化管は皮膚より遙かに広い表面積をもち，食物とともに大量の微生物や抗原が流入すること，またその本来の生理機能から物質が入り込みやすい構造になっていることにより，微生物の侵入を受けやすい部位である．実際，哺乳類ではコレラ菌や赤痢菌，病原性大腸菌などを始め，腸管から感染する病原体が多数知られている．したがって腸管からの病原性微生物や食物性アレルゲンなどの侵入を防ぐことが個体の健康維持のために非常に重要である．

§1. 魚類 GALT の構造と機能

　哺乳類の腸管は発達した免疫担当組織を備えており，体内でもっとも巨大な免疫器官でもある．また腸管における免疫応答は，全身性の免疫応答とは独立した起序に基づくことも知られている．腸管の免疫組織は，腸管付属リンパ組織（gut-associated lymphoid tissue, GALT）と呼ばれる．まず高度な発達を遂げた哺乳類 GALT の基本的な構造について説明する．

　腸管には絨毛に埋もれるようにしてドーム状の組織が点在しており，パイエル板（Payer's patch）と呼ばれている．その上皮には通常の上皮細胞以外に M 細胞という細胞が高頻度に見られるのが特徴で，この M 細胞が腸管における抗原の取り込みと認識に重要な役割を果たしている．

　M 細胞はマクロファージのように抗原をとりこむ能力をもち，管腔内のタンパク，細菌，ウイルスや原虫をとりこむ．M 細胞自身も抗原提示能をもつが，多くの場合，マクロファージや樹状細胞などのプロフェッショナル抗原提示細胞に抗原を渡すとされている．

　粘膜固有層の下方にはリンパ小節があり，T 細胞に富む傍濾胞域と，B 細胞

* 北里大学水産学部

の多い濾胞域からなる．ここで B 細胞は活性化され，哺乳類粘膜組織の主要な免疫グロブリンである IgA へのクラススイッチが行われる．その後，B 細胞は腸間膜リンパ節を経て全身性の循環に入り，全身の粘膜組織に戻る．この現象をホーミングという．戻った B 細胞は粘膜固有層で最終的な成熟をして形質細胞となり，分泌型 IgA を生産する．IgA は上皮細胞のもつ secretory component（SC）と結合して基底膜側から管腔側へ輸送され，SC と結合したまま放出される．このようにして，哺乳類の腸管では常時大量の抗体が産生され，分泌されている．IgA は補体結合能などは弱いが凝集能が強く，これにより抗原の粘膜上皮への接触を防いでいる．

　魚類には，パイエル板のような発達したリンパ組織は存在しない．ただし，リンパ球やマクロファージが粘膜上皮および固有層に広く散在しており，なんらかの生体防御機能を負っていると考えられている [1-5]．消化管が生体防御上重要な位置にあることは哺乳類と同様である．しかし，これらの組織における生体防御の機構については僅かな知見しかない．

§2. 魚類腸管における抗原の取り込み

　上述のように，魚類の消化管にはパイエル板のような発達したリンパ組織はない．また M 細胞のような，抗原の取り込みに特化した細胞も確認されていない．しかし通常の腸管上皮細胞がタンパク質などの高分子を取り込む性質を比較的強く有している．取り込みに関わる部位は腸の後部，Stroband らが second gut segment と呼んだ領域で，上皮細胞によるタンパク吸収像が観察される [6-8]．

　上皮細胞に取り込まれたタンパクは上皮細胞内で消化されるが，一部は細胞内，あるいは細胞間を通過して，基底膜側から放出される．粘膜固有層では，マクロファージによるタンパクの取り込みが観察されている [7, 8]．さらに一部のタンパクは循環系に到達する．

　このようなタンパクのとりこみは魚で広く見られるが，消化管の発達の程度によって差異が見られ，一般にはコイなどの無胃魚では有胃魚に比してより多くのタンパクが吸収される [9-10]．また，消化管の未熟な仔魚期にはやはり多くのタンパクが取り込まれ，血中へ移行する傾向が見られる [11, 12]．しかし，有胃

魚の成魚であっても肛門から投与した場合にはやはり有意な量のタンパクが吸収され，血中にも到達することから[13-15]，高分子タンパクの取り込みは魚類の腸管では一般的な現象と考えるべきである．

このようなタンパクの取り込みがどのような生理的意味をもつのかは明らかではない．仔魚期を除けば，血中へ移行するタンパクは投与量の一部に過ぎない．したがって栄養的な意味はほとんどないと思われ，免疫系の抗原認識と関係がある可能性が考えられる[8, 16]．

§3. 経口由来抗原に対する免疫応答

ところで腸管から吸収された抗原に対しては，大きく2つの異なる応答が誘導されうることが哺乳類では知られている．すなわち，前述した腸管粘液へのIgAの分泌という粘膜組織での局所的な応答と，全身性の免疫寛容という2つの異なる応答がしばしば同時に成立する．後者は経口免疫寛容（oral tolerance）と呼ばれ，あらかじめ経口的に抗原に感作された場合，後から注射などで免疫しても，血中への抗体の産生が抑制される現象である．その起序はよく分かっていないが，抗原量が多い場合には調節性T細胞（T_3）が誘導されることによる抑制が起こり，抗原量が少ない場合にはT細胞のアナジーや除去が起こると考えられている．しかしこれらの誘導がどのようにして起こるのか，分かっていない．またその起こる部位も不明である．

この経口免疫寛容は，腸管から取り込まれてくる，食物由来のタンパク質など無害な抗原に対する無駄な，あるいは有害な免疫応答を防ぐ生理的意味があると考えられている[17]．

魚類では腸管からのタンパク質の取り込み，さらには血中への移行が日常的に起きているとすれば，それに対する免疫応答がどのように誘導，あるいは抑制されているのだろうか．

コイに毎週1回，ヒトγグロブリン（HGG）を経口的に免疫した．3つの免疫群には，体重100 g当たり25，1，0.1 mgの異なる濃度でHGGを週に1回経口投与し，対照群には生理食塩水を投与した．その結果，免疫群には抗HGG抗体が血中に現れた．応答の強さは投与の濃度に依存した（図4·1（A））．このことから，反復的に与えられた経口由来のタンパク抗原に対し，血中に抗

体が産生されることが分かった.

　しかし 4 週目にピークに達した後, 6 週目には投与の継続にもかかわらず, 抗体価が減少している. ここで何らかの抑制が起きていると考えられた. 経口寛容が成立している可能性があるのではないかと考え, 今度は経口免疫した群に注射による免疫を行った.

　図 4・1 (B) は連続して経口投与をした魚に, 筋肉内に HGG (＋FCA) を注射した結果である. 注射により再び抗体価は増加し, 経口免疫群も対照群も差がなかった. したがって, 哺乳類で見られるような Oral tolerance は成立しておらず, 抗体価の減少は他の理由があると考えられた[18].

　なお, Oral tolerance の成立にはさまざまな条件があり, tolerance が誘導されることもあれば, 免疫応答が誘導されることもあるので, 魚類において経口寛容が存在しないとは, この結果だけでは判断できない. しかし魚類の経口寛容に関しては, 応答の開始が遅れるなどの報告はあるが[19, 20], 哺乳類で見られるような強い抑制を誘導した報告はない.

　次の試みとして, 反復投与により血中への移行が妨げられるかどうかを調べ

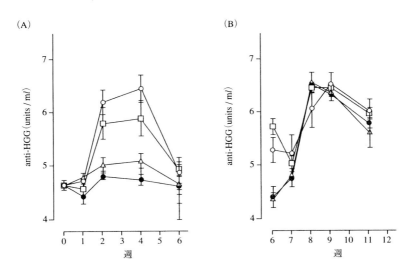

図 4・1　HGG を免疫したコイの血中抗体価
（A）：週 1 回, 経口投与. ○−○：25mg, □−□：1 mg, △−△：0.1 mg / 100 g　体重.
●−●：生理食塩水.（B）：経口投与開始 6 週後に HGG ＋FCA を筋肉内注射.

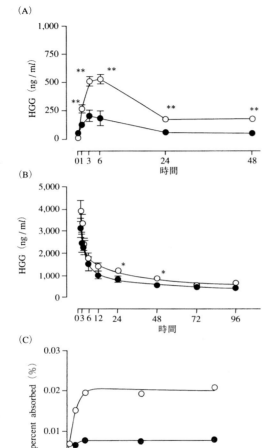

(A)

図4・2 HGG を週に1回経口免疫したコイ
5週目に HGG を投与したあとの血中濃度. ●—●:免疫群,
○—○:対照群.(A):経口投与後の血中濃度.(B):動脈
注射後の血中濃度.(C):デコンボリューション法で得られ
た腸管からの HGG の吸収率.**, * は2群間に有意差があ
ることを示す(それぞれ p<0.01, p<0.05).

てみた.あるタンパクに対
する抗体産生が粘膜組織で
誘導された場合,哺乳類で
は粘液中に分泌された IgA
によりそのタンパク分子の
吸収は妨げられることが,新
生仔ラットを用いた Walker
の古典的な研究で明らかに
されている[21].

この実験では,コイに対
して HGG を5週間連続投
与したのちに,HGG を経口,
および動脈内注射により投
与して,薬理学的な解析の
手法により,腸管からの吸
収速度を算出するという方
法を用いた.

実験の結果,経口投与後の
血中濃度は,免疫群の方が有
意に低かった(図4・2(A)).
このとき,対照としてウシ
血清アルブミン(BSA)も
投与してみたが,BSA では
有意な差がなかったことか
ら,抗原特異的な抑制であ
ることが示された.動脈球
に注射した場合は,両群と
も急速に血中から除去され
ている(図4・2(B)).免疫
群の方がやや速い傾向が見

られたが，24，48 時間後以外は，血中濃度に有意な差はなかった．

これらの測定値から，薬理学的手法により，腸管からの吸収率を求めた（図4・2 (C)）．その結果，免疫群の吸収率は対照群に比較して，約半分に低下していた．

この結果は，何らかの抗原特異的な反応により，抗原の侵入がブロックされたことを示しており，特異抗体の存在により吸収が妨げられたのではないかと推測された[22]．

§4. 魚類腸管での抗体産生

腸管からのタンパク吸収が抗原特異的に阻害されたのは，腸粘液中に特異抗体が誘導されたためではないかと考え，HGG を 6 週間連続経口投与した魚で，腸管粘液を採取し，抗 HGG 抗体と IgM の量を測定した．その結果，25 mg 投与群の抗体価が相対的に若干高い傾向が見られたが，統計的に有意な差は得られず，抗 HGG 抗体の粘液中への誘導を示すことはできなかった．

そもそも魚類の腸管には抗体が分泌されているのだろうか．

経口，あるいは経肛門で，可溶性または粒子状の抗原を投与した場合，特異抗体やその産生細胞の誘導が報告されている[23-25]．しかし，報告された抗体価は高くはない．経口ワクチンについてもその効果は注射法や浸漬法に比べると明瞭でない[26]．このように，魚類においても粘膜で免疫応答が行われているという証拠はあるものの，魚類腸管粘液中の抗体の存在については実はそれほどはっきりしていない．

前述のように，魚類の腸管にもリンパ球は分布している．ただし，哺乳類のように集積しておらず，上皮細胞間および固有層に散在している．いくつかの魚種で抗 IgM 抗体を用いた免疫染色が報告されているが[2, 4, 5, 27]，ほぼ共通して腸上皮間のリンパ球は IgM 陰性であり，T 細胞と考えられる．一方，粘膜固有層には IgM 陽性の細胞が分布している．この点については哺乳類と基本的に似ている．しかし魚類腸管の B 細胞の数は少なく，これらが腸管の防御にどれほど寄与しているのかは明らかでない．一方 Hatten らは，大西洋サケ腸管の粘液中からは少なくとも血清 IgM が検出されず，また腸管粘液に血清 IgM を加えてもすぐに分解されてしまうことを報告し，腸管粘液中の IgM の

役割に疑問を投げかけている[28].

　したがって，現在までのところ，魚類腸粘液中には IgM 抗体はあっても量は少ないと考えられる．これは腸管で常時大量の抗体が産生，分泌されている哺乳類の場合と比べると，大きな落差がある．しかし，腸管が体内でもっとも大量の非自己成分や微生物と接触する場であり，また病原体の侵入をもっとも受けやすい部位であることには違いがない．したがって，IgM の産生が意外にも乏しいのだとすると，それに代わる防御装置があるはずではないだろうか．

　可能性はいくつか考えられる．まず免疫グロブリンの別のアイソタイプが存在するかもしれない．両生類には IgA は存在しないが，IgX が粘膜から分泌され，IgA に相当する機能をもっているという報告がある[29]．魚類においても，まだ別のクラスの Ig があるのかもしれない．腸管内の細胞の比率的には T 細胞が多いことから，細胞傷害性の T 細胞の働きを重視すべきではないかと考える研究者もいる．その他には，非特異的な，自然免疫系の防御因子がより重要な役割をしているという可能性も考えられるだろう．

§5. 粘膜系非特異的防御因子としてのガレクチン

　魚類では，皮膚粘液からは補体やプロテアーゼ，レクチンなど種々の防御因子が見つかっており，皮膚粘液中の自然免疫についてはある程度知見が蓄積されている[30]．しかし，消化管や鰓などの粘膜組織における非特異的因子については報告が乏しい．

　レクチンは多くの魚種の皮膚粘液から見つかっており，細菌などに対する強い凝集活性から生体防御への関与が推測されてきた[31~36]．しかし，感染生物への具体的な作用について示した例はほとんどなかった．

　Kamiya らはマアナゴの皮膚粘液からレクチンを精製し，congerin と名付けた[35]．congerin は β-ガラクトシドに強い親和性を示し，同一のサブユニット 2 個が非共有結合で結合した，プロトタイプガレクチンである[36, 37]．

　Congerin は表皮の棍棒状細胞に含まれている[39]．興味深いことに，congerin を含んだ棍棒状細胞は皮膚だけでなく，口腔壁から食道に至る上部消化管粘膜，および鰓の鰓弁組織にも分布していることがわかった（図 4·3）．また口腔内を洗浄した液は強い凝集活性を示したことから，congerin はこれらの粘膜上皮

を覆う粘液中にも分泌され，生体防御に何らかの貢献をしていると考えられる.

　しかし，congerin の外因性，あるいは内因性リガンドについては不明である. そもそもマアナゴは養殖対象種ではないため，病原体についてあまり知られていないこともあり，congerin の生体防御への具体的な寄与については不明であった. しかし筆者らは最近，マアナゴの腹腔内に寄生する線虫と congerin との関連について知見を得た.

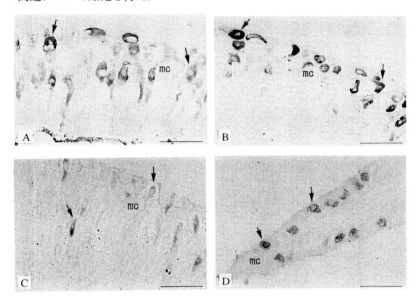

図4·3　抗 congerin ウサギ抗体をもちいたマアナゴ組織の免疫染色
A：皮膚，B：口腔壁，C：食道，D：鰓. 棍棒状細胞（矢印）が陽性に染まっている. mc：粘液細胞. Scale bar＝50 μm.

　筆者らが使用しているのは気仙沼で捕獲されたマアナゴだが，腹腔には体長数 mm から 20 mm 程度のククラヌス科線虫が高い頻度で見つかる. この線虫の生活史は謎であるが，マアナゴ腹腔からは成熟した個体が見つかっている.

　線虫を組織観察したところ，外側に多数の白血球らが集積し，包囲化が起きていた. 線虫の体表はクチクラで覆われているが，植物レクチンを用いた研究で，クチクラ層などにレクチンと親和性を示す糖鎖の存在することがいくつかの線虫で報告されている [40-42]. そこで，マアナゴのククラヌス科線虫を抗

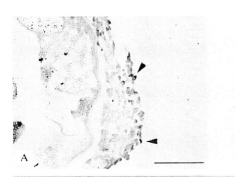

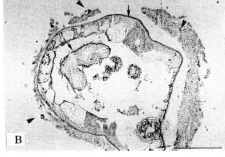

図4・4 マアナゴ腹腔内に寄生する Cucullanus 科線虫 A：抗 congerin 抗体による免疫染色．包囲している細胞群中に，陽性の細胞が見られる（arrowhead）．Scale bar＝25μm．B：切片をマアナゴの皮膚粘液上清と反応させた後，抗 congerin 抗体で染色．線虫の外壁や体内の一部（矢印），および包囲細胞（arrowhead）が染まっている．Scale bar＝50μm．

congerin 抗体で染めてみたところ，包囲細胞の一部が陽性に染まった（図4・4A）．さらに，切片に皮膚粘液上清を反応させた後に，抗 congerin 抗体を加えて免疫染色したところ，このようにさらに多くの包囲細胞と，線虫の外壁および内部が強く染まった（図4・4B）．したがって，congerin は線虫および包囲細胞に対し，強い親和性をもつことがわかった．

また，遊離の腹腔細胞を採集し，FITC 標識二次抗体を用いて蛍光抗体法を試みたところ，多数の細胞が陽性を示した．これらの細胞の種類についてはまだ確認できていないが，多くは腹腔マクロファージであるらしい．

さらに腹腔内を洗浄した液中に，抗 congerin 抗体に陽性のバンドがウェスタンブロッティングで検出された．

これらの結果から，腹腔内に進出した線虫を腹腔内白血球が包囲する際に，congerin が線虫と白血球間の，および白血球間相互の細胞認識に関わっている可能性が示唆された．

実際に congerin が包囲化にどのように関与するのかについてはこれからの検討課題である．この線虫は消化管内から穿孔して腹腔内へ進出すると思われ，上部消化管内にも congerin が存在していることから，消化管内でも線虫の感染に対する何らかの抑止的役割を果たしているのかもしれない．

　以上，魚類腸管の備える防御機構について述べてきたが，あらためて筆者らの理解の不十分さを痛感させられる．腸を感染経路とする病原体については，魚ではまだ十分確認されていないが，アユに感染する微胞子虫である *Glugea plecoglossi* が腸の組織から侵入することは以前から知られているし，最近では *Vibrio anguillarum* が turbot の腸から侵入する，あるいは腸の粘液に付着性を示すことが報告されている [43]．おそらくもっと多くの病原体が魚の消化管から感染しているであろう．またそれらの微生物がどのようにして腸の防御システムを突破するのかについてもほとんど分かっていない．魚類においても防御の場としての消化管の重要性が再認識される必要があると考える．

文　献

1) R. J. Temkin, and D. B. McMillan : Gut-associated lymphoid tissue (GALT) of the goldfish, *Carrassius auratus. J. Morphol.*, 190, 9-26 (1986).

2) J. H. W. M. Rombout, and H. E. Botand, J. J. Taverne-Thiele : Immunological importance of the second gut segment of carp. II. Characterization of mucosal leucocytes. *J. Fish Biol.*, 35, 167-178 (1989).

3) T. A. Doggett, and J. E. Harris : Morphology of the gut associated lymphoid tissue of *Oreochromis mossambicus* and its role in antigen absorption. *Fish Shellfish. Immunol.*, 1, 213-227 (1991).

4) J.H.W.M. Rombout, A.J. Taverne-Thiele, and M. I. Villena : The gut-associated lymphoid tissue (GALT) of carp (*Cyprinus carpio* L.) : An immunocytochemical analysis. *Dev. Comp. Immunol.*, 17, 55-66 (1993).

5) L. Abelli, S.Picchiettei, N. Romano, L. Mastrolia, and G. Scapigliati : Immunohistochemistry of gut-associated lymphoid tissue of the sea bass *Dicentrarchus labrax* (L.). *Fish Shellfish Immunol.*, 7,

235-245 (1997).

6) H. W. J. Stroband, H. van der Meer, and L. P. M. Timmermans : Regional functional differentiation in the gut of the grasscarp, *Ctenopharyngodon idella* (Val.). *Histochem.*, 64, 235-249 (1979).

7) JHWM. Rombout, C. H. J. Lamers, H. M. H. Helfric, A. Dekker, and J. J. Taverne-Thiele : Uptake and transport of intact macromolecules in the intestinal epithelium of carp (*Cyprinus carpio* L.) and the possible immunological implications. *Cell Tiss. Res.*, 239, 519-530 (1985).

8) J. H. W. M. Rombout and A. A. Van Der Berg : Immunological importance of the second gut segment of carp I. Uptake and processing of antigens by epithelial cells and macrophages. *J. Fish Biol.*, 35, 13-22 (1989).

9) E. McLean and R. Ash : The time-course of appearance and net accumulation of horseradish peroxidase (HRP) presented orally to juvenile carp *Cyprinus carpio* (L.). *Comp. Biochem. Physiol.*, 84A, 687-690 (1986).

10) E. McLean and R. Ash : The time-course

of appearance and net accumulation of horseradish peroxidase (HRP) presented orally to rainbow trout *Salmo gairdneri* (Richardson). *Comp. Biochem. Physiol.*, 88A, 507-510 (1987).

11) Y. Watanabe : Morphological and functional changes in rectal epithelium cells of the pond smelt during post-embryonic development. *Nippon Suisan Gakkaishi*, 50, 805-814 (1984).

12) O. Nakamura, Y. Suzuki, K. Aida, and H. Hatta : Decreased transport of orally administered protein into the blood circulation of developing juveniles of Japanese eel *Anguilla japonica. Fish. Sci.*, 67, 863-869 (2001).

13) P. G. Jenkins, J. E. Harris, and A. L. Pulsford : Enhanced enteric uptake of human gamma globulin by Quil-A saponin in *Oreochrmois mossambicus. Fish Shellfish Immunol.*, 1, 279-295 (1991).

14) P. G. Jenkins, J. E. Harris, and A. K. Pulsford : Quantitative serological aspects of the enhanced enteric uptake of human gamma globulin by Quil-A saponin in *Oreochromis mossambicus. Fish Shellfish Immunol.*, 2, 193-209 (1992).

15) F. J. Hernandez-Blazquez and J. R. M. C. da Silva : Absorption of macromolecular proteins by the rectal epithelium of the antarctic fish *Notothenia neglecta. Can. J. Zool. Rev. Can. Zool.*, 76, 1247-1253 (1998).

16) E. McLean and R. Ash : Intact protein (antigen) absorption in fishes. Mechanisms and physiological significance. *J. Fish Biol.*, 31, 219-223 (1987).

17) I. R. Sanderson and W. A. Walker : Uptake and transport of macromolecules by the intestine : possible role in clinical disorders (an update). *Gastroenterology*, 104, 622-639 (1993).

18) O. Nakamura, Y. Suzuki, and K. Aida : Humoral immune response against orally administered human γ globulin in the carp. *Fish. Sci.*, 64, 558-562 (1998).

19) G. A. Davidson, A. E. Ellis, and C. J. Secombes : A preliminary investigation into the phenomenon of oral tolerance in rainbow trout (*Oncorhynchus mykiss*, Walbaum, 1792). *Fish Shellfish Immunol.*, 4, 141-151 (1994).

20) P. H. M. Jossten, M. Y. Engelsma, M. D. van der Zee, and J. H. W. M. Rombout : Induction of oral tolerance in carp (*Cyprinus carpio* L.) after feeding protein antigens. *Vet. Immunol. Immunopathol.*, 60, 187-196 (1997).

21) W. A. Walker : Intestinal uptake of macromolecules : effect of oral immunization. *Science*, 177, 608-610 (1972).

22) O. Nakamura, Y. Suzuki and K. Aida : Oral immunization specifically inhibits intestinal protein uptake in the common carp *Cyprinus carpio* L. *Fish. Sci.*, 66, 540-546 (2000).

23) U. Georgopoulou and J. M. Vernier : Local immunological response in the posterior intestinal segment of the rainbow trout after oral administration of macromolecules. *Dev. Comp. Immunol.*, 10, 529-537 (1986).

24) G. A. Davidson, A. E. Ellis, and C. J. Secombes : Route of immunization influences the generation of antibody secreting cells in the gut of rainbow trout. *Dev. Comp. Immunol.*, 17, 373-376 (1993).

25) M. L. Merino-Contreras, M. A. Guzman-Murillo, E. Ruiz-bustos, M. J. Romero, M. A. Cadena-Roa, and F. Ascencio : Mucosal immune response of spotted sand bass *Paralabrax maculatofasciatus* (Steindachner, 1868) orally immunised

with an extracellular lectin of *Aeromonas veronii*. *Fish Shellfish Immunol.*, 11, 115-126 (2001).

26) A. E. Ellis : Recent development in oral vaccine delivery systems. *Fish Pathol.*, 30, 293-300 (1995).

27) V. Fournier-Betz, C. Quentel, F. Lamour, and A. LeVen : Immunocytochemical detection of Ig-positive cells in blood, lymphoid organs and the gut associated lymphoid tissue of the turbot (*Scophthalmus maximus*). *Fish Shellfish Immunol.*, 10, 187-202 (2000).

28) F. Hatten, A. fredriksen, and I. Hordnik, C. Endresen : Presence of IgM in cutaneous mucus, but not in gut mucus of Atlantic salmon, *Salmo salar*. Serum IgM is rapidly degraded when added to gut mucus. *Fish Shellfish Immunol.*, 11, 257-268 (2001).

29) R. Mußmann and L. Du Pasquier, E. Hsu : Is Xenopus IgX an analog of IgA? *Eur. J. Immunol.*, 26, 2823-2830 (1996).

30) J. B. Alexander and G. A. Ingram : Noncellular nonspecific defence mechanisms of fish. *Ann. Rev. Fish Dis.*, 2, 249-279 (1992).

31) H. Kamiya and Y. Shimizu : Marine biopolymers with cell specificity II. Purification and characterization of agglutinins from mucus of windowpane flounder *Lophopsetta maculata*. *Biochim. Biophys. Acta*, 622, 171-178 (1980).

32) Y. Oda, S. Ichida, T. Mimura, K. Maeda, K. Tsujikawa and S. Aonuma : Purification and characterization of a fish lectin from the external mucus of Ophididae, *Genypterus blacodes*. *J. Pharm. Dyn.*, 7, 614-623 (1984).

33) Y. Suzuki and T. Kaneko : Demonstration of the mucous hemagglutinin in the club cells of eel skin. *Dev. Comp. Immunol.*, 10, 509-518 (1986).

34) J. M. Al-Hassan, M. Thomason, B. Summers, and R. S. Criddle. Purification and properties of a hemagglutination factor from Arabian Gulf catfish (*Arius thalassinus*) epidermal secretion. *Comp. Biochem. Physiol.*, 85B, 31-39 (1986).

35) H. Kamiya, K. Muramoto, and R. Goto : Purification and properties of agglutinins from conger eel, *Conger myriaster* (Brevoort), skin mucus. *Dev. Comp. Immunol.*, 12, 309-318 (1988).

36) K. Shiomi, H. Uematsu, H. Ito, H. Yamanaka, T. Kikuchi : Purification and properties of a lectin in the skin mucus of the dragonet *Repomucenus ricahardsonii*. *Nippon Suisan Gakkaishi*, 56, 119-123 (1990).

37) K. Muramoto and H. Kamiya : The amino-acid sequence of a lectin from conger eel, *Conger myriaster*, skin mucus. *Biochim. Biophysic. Acta*, 1116, 129-136 (1992).

38) K. Muramoto, D.Kagawa, T.Sato, T. Ogawa, Y.Nishida and H.Kamiya : Functional and structural characterization of multiple galectins form the skin mucus of conger eel, *Conger myriaster*. *Comp. Biochem. Physiol.*, 123B, 33-45 (1999).

39) O. Nakamura, T. Watanabe, H. Kamiya, and K. Muramoto : galectin containing cells in the skin and mucosal tissues in Japanese conger eel, *Conger myriaster*, an immunohistochemical study. *Dev. Comp. Immunol.*, 25, 431-437 (2001).

40) M. L. Rhoads and R. H. Fettere : Purification and characterization of surface-associated proteins from adult *Haemonchus contortus*. *J. Parasitol.*, 80, 756-763 (1994).

41) A. C. G. Araujo, T. Soutopardon, and E. De Souza : Cytochemical localization of carbohydrate residues in microfilariae of

Wuchereria bancrofti and *Brugia malayi.*
J. Hitochem. Cytochem., **41**, 571-578
(1993).

42) H. D. F. H. Schallig and M. A. W. Van
Leeuwen : Carbohydearte epitopes on
Haemonchus contortus antigens. *Parasitol.
Res.*, **82**, 38-42 (1996).

43) J. C. Olsson, A.Jöborn, A.Westerdahl, L.
Blomberg, S. Kjelleberg, and P. L.
Conway : Is the turbot, *Scophthalmus
maximus* (L.), intestine a portal of entry
for the fish pathogen *Vibrio anguillarum?*
J. Fish Dis., **19**, 225-234 (1996).

III. 免疫細胞

5. マクロファージ

渡辺　翼 *・日野和義 *

　マクロファージは，Metchinikoff が 1892 年に命名したもっとも古くからある免疫系細胞である [1]. Metchinikoff は，マクロファージが無脊椎動物，脊椎動物を問わず，多細胞動物に幅広く存在し，この食細胞が炎症時に異物を貪食することにより動物の生体防御に関わる重要な役割を演じていることを見いだした．1980 年代に入り，マクロファージがインターリューキン 1 （IL-1） などのサイトカインの分泌と主要組織適合遺伝子複合体（MHC）生産物を介して抗原ペプチドを T リンパ球に提示する（抗原提示）ことが見いだされ，マクロファージの獲得免疫における重要性が認識されるようになった．その結果，現在では，マクロファージの機能は，貪食能，老朽化細胞などの処理といった多細胞動物の掃除夫的な役割（これは多細胞動物にとって極めて重要な役割ではあるが）というより，MHC を介した T リンパ球への抗原提示，各種サイトカイン，ケモカインの産生，といった獲得免疫の入り口的な役割の方が重要視されるようになった．マクロファージの機能研究は，ガラス吸着と貪食能という極めて判りやすい特徴のため，他の免疫系細胞より単離しやすいため，主に，造血器，血液，腹腔からガラス吸着性を利用して分離し，*in vitro* で行われている．一方，培養マクロファージもよく使われている．魚類の場合でも培養マクロファージ系はいくつかの魚種で樹立され，利用されている．表5・1 は，今まで樹立されている魚類の培養マクロファージ系であるが，色々な機能を有しているのが判る [2-6]. 最近では，腫瘍壊死因子（Tumor necrosis factor：TNF）などのサイトカインやその遺伝子の解析に利用されている [8]. むしろここで考えておかなければいけないことは，魚類の培養マクロファージ系が哺乳類のそれに比べ遜色ないかむしろ多いくらい樹立されている，ということである．哺

* 北里大学水産学部

乳類の培養マクロファージ系は，サイトカイン，ケモカインの分離と同定に非常に多く利用されているが，その多くは，人為的かもしくは自然に transform したものである [7]．この章では，筆者らが樹立したマダイの培養マクロファージ系についてその樹立の経過と機能について説明し，さらに現在進めているニジマスの培養マクロファージ系と胸腺細胞についても紹介する．

表5・1　魚類のマクロファージ培養系

魚種	細胞名	由来	特徴	文献
コイ *Cyprinus carpio*	CLC	peripheral blood monocytes	Stimulated by TNF	Faisal&Alme 1990
アメリカナマズ *Ictalurus punctatus*	M22	Peripheral blood monocytes	Antigen presentation, IL-1 production	Vallejo *et al* 1990
キンギョ *Carassius auratus*		Kidney Mφ	Chemolaxis, respiratory burst	Wang *et al* 1995
マダイ *Pagurus major*	PMM	Resident perito- neal Mφ	IgM 1receptor, chemotactic factor	Watanabe *et al* 1997
ニジマス *Oncorhynchus mikys*	RTS11	Spleen	leukocyte proliferation	Gaanassin & Bols 1998

§1. マダイの培養マクロファージ系

マダイの腹腔細胞は何種類かの細胞が存在し，その中でもマクロファージが一番多い細胞である．中には細胞分裂しているマクロファージも存在する [9]．このことは，哺乳類の常在腹腔マクロファージの大半が血中 monocytes の flux であるらしいことに比べ，マダイでは案外腹腔内で増殖してその数を維持している可能性があり，興味深いことのように思える．さて，マダイの常在腹腔マクロファージが腹腔内で増殖しているならば，この細胞を *in vitro* にもっていっても増殖するのではないか，と考え培養を試みた．

マダイの腹腔マクロファージの培養は，RPMI1640 に食塩を 1.3％になるように加え，FBS を 20％加えた培地で 30℃と 25℃の CO_2 incubator で行った．数例の実験のうち，2 例が増殖，継代可能になり，培養系として使えるようになった．このうち増殖のよかった 1 細胞系をマダイの学名 *Pagrus major* の macrophage ということで PMM5 と PMM6 と名付け，その性状を調べた結果，常在腹腔マクロファージと同様，非特異的エステラーゼ，Acid phosphatase

が陽性で，Alkali phosphatase と Peroxidase は陰性であった．一般にマクロ
ファージの特徴として，ガラス吸着性，貪食能，Acid phosphatase，非特異的
esterase 陽性，があげられる．このマダイの培養系もごく一般的なマクロファ
ージの特徴をもっていた（表 5·2）．電子顕微鏡による観察によっても，マダ
イの培養マクロファージ PMM5 は，常在腹腔マクロファージの特徴である偽
足や microfilaments がよく発達していた．

表 5·2 マダイの培養マクロファージ PMM5 の特徴

ガラス吸着性	あり
貪食能	あり（ラテックスビーズ）
酵素活性	＋（Nonspecific esterase, Acid phosphatase）
	－（Alkali phosphatase, Peroxidase）
IgM レセプター	あり
走化性	＋（FMLP，PMM 培養上清）
走化性因子	分泌（分子量 10K dalton 以下）

　このマダイの培養マクロファージは，ラテックスビーズをよく貪食し，細胞
表面に IgM レセプターをもっている．これは，培養細胞と鈴木教授（東京大学）
から供与されたマダイ IgM を反応させた後，よく洗って biotin 結合抗マダイ
IgM で染色し，FITC 結合 avidin で surface fluorescence を調べたものであ
る．非常に感度は低かったが，あきらかに細胞表面に抗マダイ IgM が結合し
た．
　この細胞系の走化性を調べたところ，マダイの培養マクロファージは，市販
の走化性ペプチドである N-formylmethionyl leucocyl phenylalanine（FMLP）
に対してだけでなく，自分の分泌するものに対しても走化性を示した（表 5·
3）[5, 10]．FMLP は，哺乳類のマクロファージや好中球の走化性を誘導するもっ
とも活性の高いペプチドである．すなわち，PMM5 は，マクロファージの特

表 5·3 マダイ培養マクロファージの走化性

細胞	誘導物質に対する移動細胞数				
	FMLP	PMM5 上清	PMM6 上清	マダイ血清	RPMI10
PMM5	124.6±44.8**	179.8±51.9**	262.2±122.0**	3.6±3.6	10.0±3.5
PMM6	296.6±201.5	72.4±33.8	11.8±11.5	NT	78.0±16.1

　　**：P＜0.01 でマダイ血清，RPMI10 に比べ有意に高い．NT：試験せず

徴でもある走化性をもっていると同時に，自らも走化性因子を分泌していることが判った．そこで，この培養マクロファージの培養上清から走化性因子を単離しようと試みた．血清を含まない RPMI1640 で 48 時間培養し，その培養上清を凍結乾燥して約 100 倍に濃縮，限外濾過で低分子量のアミノ酸やミネラルを除いてゲル濾過したところ，走化活性は分子量 3,000〜10,000 dalton のペプチドに見られ，ケモカインが期待されたが，突然この細胞は FMLP に対しても反応しなくなった．哺乳類のケモカインは，分子量約 8,000 dalton で，IL-8 などの C-X-C chemokine と RANTES などの C-C chemokine が知られている[11, 12]．これらのケモカインは分子量も立体構造もよく似ており，projenitor は 1 つと考えられている[12]．哺乳類におけるケモカインの役割は炎症性の細胞の誘導で，病原体感染時にマクロファージ，線維芽細胞，血管内皮細胞などにより分泌され，好中球やリンパ球が炎症部位（感染部位）にケモカインの濃度勾配にしたがって走化性を示して誘導される，とされている[13]．それと同時に，マクロファージは IL-1 などのサイトカインを分泌し，その結果，リンパ球の増殖と分化が促され免疫系が発動される．これが現在の炎症の分子論的説明とされている．

　マダイの腹腔マクロファージの培養の結果から，魚類の培養マクロファージを使った場合の長所と欠点が浮かび上がってきた．まず長所の第 1 が，同一の MHC とか IgM レセプターのようなマーカーをもった細胞を安定して供給できる，ということである．第 2 に，培養上清は，血清を除くと比較的きれいな状態で，サイトカインなど微量なものの単離にはうってつけである．そして，私が強調したいのは，魚の腹腔マクロファージは培養しやすい細胞である，ということがあげられる．

　同時に，培養マクロファージは単層で増殖するので，培地中の細胞濃度は極めて低い，という欠点があげられる．実際に，初めてケモカインを培養マクロファージから分離精製した研究では，大量の培養上清を必要としている[13]．さらに，培養細胞系は生体内のような各種の刺激や制御機構が働かないので，マクロファージの機能が継代を続けるうちに失われてしまう，という欠点もある．マダイの培養マクロファージもケモカインレセプターのような機能が，継代 30 代ころから失われてしまった．また，哺乳類のマクロファージはその由来とい

うか取り出した臓器により微妙にその機能や細胞マーカーが違っていることが知られているが，魚類の場合はどうなのかは今後の課題である．筆者らは腹腔マクロファージが培養しやすいことに着目して培養下でその性状を調べているが，腹腔マクロファージがその魚のマクロファージを代表しているかどうかは今のところ不明である．

§2. ニジマスの培養マクロファージ系

　マダイの培養マクロファージ系で得られた知見をもとに，ニジマスの常在腹腔マクロファージの培養を試みた．ニジマスの腹腔内には，マダイの 10 分の 1 から 100 分の 1 くらいの腹腔細胞があり，リンパ球や好中球も多い．季節変動や性成熟による変動があるようであるが，全体に多いのはマクロファージで，培養方法は，淡水魚なので食塩を加えていないだけで，マダイの場合とほぼ同じで，10％牛胎仔血清加 RPMI1640 を用い，20℃で培養した．6 例培養し，そのうちの 2 つが継代可能になった．継代の若いうちは，多様な形態の細胞が見られるが，段々線維芽細胞様の単一の細胞になってくる（図5・1）．

　この培養系を RTM5 と名付け，（株）共和テクノスから提供されたキチン／キトサン関連物質が貪食能を促進するかどうかを調べた．キチンは主に甲殻類の殻に多量に含まれる多糖類で，N-acetylglucosamineの重合したものである．キチンもしくはキチン／キトサン関連物質には色々な生理活性が知られており，哺乳類ではマクロファージなどの免疫系細胞の賦活作用があり [15-17]，マクロファージの IL-1 や TNF などのサイトカイン産生を促進することが知られている [18]．筆者らはこれらの物質が養魚上未だに大きな脅威である魚病の対策と

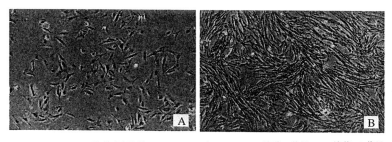

図5・1　ニジマスの培養常在腹腔マクロファージRTM5. A：培養 3 代目，B：培養 13 代目.

して役立つのではと考え，ニジマスの培養腹腔マクロファージに応用した．キチン／キトサン関連物質を添加した培養液で 3 週間 RTM5 を培養し，その培養マクロファージのラテックスビーズ（LB）の貪食能を調べた．表 5·4 に示したように，いずれのキチン／キトサン関連物質も，RTM5 の LB 貪食能を促進した．そのうち，分子量約 10,000 dalton で可溶性の S-キトサンとキチン／キトサンの基本構造である *N*-acetylglucosamine について，培養液への添加濃度を調べたところ，1 μg / ml と 100 μg / ml ではほとんど効果がなく 10 μg / ml だけが極めて高い貪食能を示し，添加濃度は 10 μg / ml 位が適当と考えられた．また，これらの物質は細胞の増殖には全く影響を与えなかった（表 5·5）．このような安全性の高い天然物由来の免疫賦活作用を有する物質を魚類養殖に使用することにより，養殖魚の生体防御機能を高め，抗菌剤などの使用を減少させることにつながる可能性を示唆するデータである．この結果から，RTM5

表5·4　キチン／キトサン関連物質のニジマス培養マクロファージ RTM5
　　　　貪食能促進効果

添加物質（10 μg/ml）	貪食細胞（%）±SD	LB数／細胞±SD
対照	30.87±5.02	2.68±0.35
S-キトサン	45.56±6.15[*]	3.03±0.18
キトサンオリゴ糖	44.56±4.40[*]	3.06±0.18
N-アセチルグルコサミン	42.66±2.82[*]	3.04±0.28
キチンオリゴ糖	43.62±4.40[*]	2.98±0.21
D-グルコサミン塩酸塩	61.74±10.44[**]	3.30±0.17

　　T test により [*]p＜0.05，[**]p＜0.01 で対照に比べ有意に高い．

表5·5　S-キトサンおよび *N*-アセチルグルコサミンの RTM5 の貪食能促
　　　　進効果

添加物質　（添加量）		貪食細胞±SD	LB数／細胞±SD
対照		34.52±3.47	3.72±0.22
S-キトサン	（1 μg / ml）	32.77±7.67	3.71±0.14
	（10 μg / ml）	43.80±5.76[**]	3.68±0.32
	（100 μg / ml）	39.28±5.14	3.76±0.12
N-アセチルグルコサミン			
	（1 μg / ml）	41.35±3.78[*]	3.80±0.31
	（10 μg / ml）	47.78±4.78[**]	3.59±0.39
	（100 μg / ml）	40.28±4.32	3.75±0.25

　　T test により [*]p＜0.05，[**]p＜0.01 で対照に比べ有意に高い．

というニジマスの培養マクロファージ系が免疫活性化物質や環境因子の魚類の免疫系におよぼす影響をスクリーニングするのに有効な細胞系であることが判った. さらに, S-キトサンは, この培養細胞の活性酸素活性も上昇させた.

この培養細胞を, 養殖研究所 吉浦博士より供与された抗ニジマスTNFαで染色したところ, 図5・2に示すようにS-キトサンとLPSで培養したRTM5が強い蛍光が観察された. このニジマスTNFαはrecombinantで作成したものである. 同様に, ヒトのIL-1αとTNFαに対する抗体で染色したところ, 抗ニジマスTNFαの場合と同様, S-キトサンとLPSで培養した細胞が一番強く染色された. しかし, RTM5はFMLPに対する走化性を示さず, RTM5の培養上清も常在腹腔マクロファージの走化性を誘導しなかった. すなわち, これらの走化性因子に対するレセプターをもっていないと考えられた. このことはニジマ

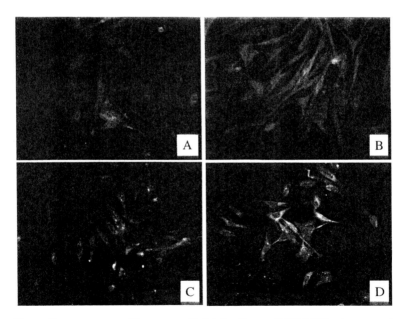

図5・2 抗 recombinant ニジマスTNFαで染色したニジマスの培養常在腹腔マクロファージ RTM5の蛍光抗体法.
A：RPMI10で培養したもの. B：10μg/ml S-キトサン添加RPMI10で培養したもの.
C：固定24時間前に4μg/ml LPS添加RPMI10で処理したRPMI10培養RTM5. D：10μg/ml S-キトサン添加RPMI10で培養し, 固定24時間前に4μg/ml LPS添加RPMI10で処理したRPMI10培養RTM5.

スの常在腹腔マクロファージが末梢血単球の flux として腹腔に誘導されたのではなく，腹腔内で生活史を完結している可能性を示唆しており，極めて興味深い現象である．また，ニジマスの腹腔内にはリンパ球や好中球も存在しているが，これらの細胞が腹腔マクロファージにより誘導されたものではないかも知れない．どうも，腹腔細胞は魚種により微妙にその性質が異なっており，サイトカインレセプターなどの分子生物学的研究の腹腔細胞への応用が待たれる．

このように，ニジマスの常在腹腔マクロファージは比較的簡単に培養系にもってくることができた．この培養マクロファージ系はサイトカインを産生していると考えられた．マダイでの失敗に懲りて，培養初期の細胞を液体窒素に保存し，時々解凍して継代の若い細胞を使っている．実験に使用した細胞は継代 15〜30 代のものである．この継代数だと細胞の増殖もよく貪食能などのマクロファージ機能は高いと考えられた．また，キチン／キトサン関連物質みたいな mild な免疫活性化物質を培地に添加することで，マクロファージの機能を維持できると考えられる．このことは培養マクロファージが，飼料添加剤や環境物質の免疫活性におよぼす影響を調べる上で貴重な実験系を提供するものと考えられる．

§3. ニジマスの胸腺細胞と培養マクロファージ系

最初に述べたように，哺乳類のマクロファージの機能として，感染時にケモカインや IL-1 のようなサイトカインを分泌することにより T 細胞を誘導し，増殖を促進し活性化させ，T 細胞に抗原提示して抗原情報を渡すことが知られている．

このマクロファージの機能である抗原提示とサイトカイン産生分泌を調べる上でこのニジマス培養マクロファージ系が利用できると考え，というよりはマクロファージの培養系作成にニジマスを選んだ理由がこの辺にあるのだが，ニジマスの胸腺細胞と反応させることにした．魚類の白血球は非常に幅広い比重をもつため T 細胞は血液からの分離が極めて難しく，それが魚類の T 細胞研究を遅らせている大きな理由である．そこで筆者らは，T 細胞の教育器官である胸腺に着目した．胸腺のリンパ球はその大半がアポトーシスにより死んでしまうと考えられるので，扱うのは難しい．ニジマスの胸腺は，体重 15〜20 ｇ でそ

の大きさが最大になり，肉眼でも鰓の上方に見ることができ，鰓を取り除くとその上方（頭骨側）に白いふくらんだ組織が観察される．組織標本の光学顕微鏡観察では胸腺組織全体にリンパ球様の小型の細胞が充満しており，他の細胞はほとんど見当たらない．電子顕微鏡で観察すると，リンパ球だけでなくそれ以外の間質系の細胞やマクロファージ様の大型の細胞も多数観察される[19, 20]．筆者らの観察結果からはデスモゾームをもった上皮細胞は存在しないと考えられた．また，血管系などはあまり発達していないようである（図5·3）．

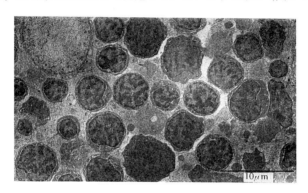

図5·3　ニジマス胸腺の電子顕微鏡像．スケールバー＝10μm

　体重 15 g〜30 g のニジマスの胸腺を取り出し，ステンレスメッシュでこすって細胞を取り，サイトスピンでスライドグラスに塗抹し，ギムザ染色を施すと，90％くらいがリンパ球もしくはその前駆細胞である．

　この胸腺細胞を RTM5 の 48 時間培養上清（conditioned medium：CM）で培養すると，明らかに細胞の死亡数が減少する．細胞分裂時のタンパク質に結合し細胞分裂の指標となる Alamar blue で染色して 570 nm と 600 nm で吸光度を調べても，図5·4 に示したように胸腺細胞が増殖した．すなわち，CM で培養した胸腺細胞は 11 日の間わずかではあるが，普通の培養液で培養した細胞に比べ有意に吸光度が上昇した．この程度の上昇は，非常に少ない細胞が増殖したものと考えられる．また，それ以後では増殖は停止したが，培養液の交換をしていないため，これが細胞側の増殖能によるものなのか，培養液中の胸腺細胞増殖因子が枯渇したためかは判断できない．この Alamar blue は ^{3}H のような放射性同位元素を使わずに簡単に細胞増殖を測定できるため近年よく使

われるようになった試薬である[21, 22]．このように，培養マクロファージ系の培養上清が，胸腺細胞の増殖を促進していることが判り，今後この増殖因子が，哺乳類でも知られている胸腺細胞増殖因子である IL-1[23] や TNF[24] などのサイトカインによるものなのか，その他の胸腺細胞増殖因子のようなものを分泌しているのかを解明する予定である．以上のように，ニジマスの培養マクロファージ系は，サイトカイン産生など各種のマクロファージ機能を有するだけでなく，獲得免疫の中枢である T 細胞との連係プレーの研究にも役立つことが判り，このような実験系の利用により，魚類の獲得免疫機能が解明されるものと考えられる．

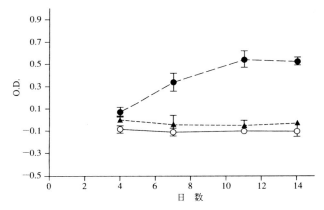

図5·4　ニジマス培養マクロファージ RTM5 培養上清（conditioned medium）の胸腺細胞増殖促進効果
〇—〇：RPMI10,　●—●：RTM5 conditioned medium,　▲—▲：S-キトサン添加 RPMI10.

§4. まとめ

以上をまとめると以下のようになる．

1) 培養マクロファージ系は，純系動物が使えない魚類での免疫系の研究に有効な手段を提供する．

2) 魚類のサイトカイン，ケモカインの遺伝子が判り始めており，アミノ酸配列も推定されており，それらとマクロファージの関係は間もなく解明されると考えられる．

　3）しかし，魚類の免疫系の解明のためには，マクロファージ，T リンパ球，B リンパ球の関係を明らかにすることが必要である．

　4）筆者らのニジマスの培養マクロファージと胸腺細胞の研究は，上記マクロファージと T リンパ球の関係解明の糸口を与えるものであった．この実験で増殖が見られた胸腺細胞がどのような細胞であるかさらに検討する必要があり，魚類の胸腺細胞が T リンパ球の代替として使えるかどうかは今後の研究の進展に待たなければいけない．

文　献

1）高橋　潔：マクロファージ研究の歴史，生命を支えるマクロファージ（高橋　潔，内藤　眞，竹屋元裕編），文光堂，2001，pp.2-7.

2）M. Faisal and W. Ahne: A cell line (CLC) of adherent peripheral blood mononuclear leukocytes of normal common carp *Cyprinus carpio. Dev. Comp. Immunol.*, **14**, 255-260 (1990).

3）A. N. Vallejo, C. F. Ellsaesser, N. W. Miller, and L. W. Clem : Spontaneous development of functionally active long-term monocytes-like cell lines from channel catfish. *In Vitro* Cell. *Dev. Biol.*, **27A**, 279-286 (1991).

4）R. Wang, N. F. Neumann, Q. Shen, and M. Belosevic : Establishment and characterization of a macrophage cell line from the goldfish. *Fish & Shellfish Immunol.*, **5**, 329-346 (1995).

5）T. Watanabe, T. Shoho, H. Ohta, N. Kubo, M. kono, and K. Furukawa: Long-term cell culture of resident peritoneal macrophages from red sea bream *Pagrus major. Fish. Sci.*, **63**, 862-866 (1997).

6）R. C. Ganassin and N. C. Bols : Development of a monocytes/macrophage-like cell line, RTS11, from rainbow trout spleen. *Fish & Shellfish Immunol.*, **8**,

457-476 (1998).

7）J. C. Unkeless and T. A. Springer : Macrophages, in Handbook of Experimental Immunology (ed. By D. M. Weir), Blackwell Scientific Publications, Oxford, England, pp.118.1-19 (1986).

8）K. J. Laing, T. Wang, J. Zou, J. Holland, S. Hong, N. Bols, I. Hirono, T. Aoki, and C. J. Secombes : Cloning and expression analysis of rainbow trout Oncorhynchus mykiss tomour necrosis factor-α. *Eur. J. Biochem.*, **268**, 1315-1322 (2001).

9）T. Watanabe, A. Kamijo, H. Narita, K. Kitayama, H. Ohta, N. Kubo, T. Moritomo, M. Kono, and K. Furukawa : Resident peritoneal cells of red sea bream *Pagrus major. Fish. Sci.*, **61**, 937-941 (1995).

10）T. Watanabe and T. Moritomo : Cell culture and some properties of fish immunocytes, in Animal cell technology : basic & applied aspects (ed. K. Nagai and M. Wachi), Kluwer Academic Publishers, Dordrecht, The Netherland, pp.5-9 (1998).

11）M. Baggiolini, B. Dewald, and A. Walz : Interleukin-8 and related chemotactic cytokines, in Inflammation: Basic principles and clinical correlates, 2nd Edition (ed. J. I. Gallin, I. M. Goldstein, and R.

Snyderman), Raven Press, New York, USA, pp.247-263, 1992.

12) T. J. Schall : Biology of the RANTES/SIS cytokine family. *Cytokine*, **3**, 165-183, 1991.

13) P. proost, A. Wuyts, J. Van Damme : The role of chemokines in inflammation. *Int. J. Clin. Lab. Res.*, **26**, 211-223, 1996.

14) S. D. Wolpe, G. Davatelis, B. Sherry, B. Beutler, D. G. Hesse, H. T. Nguyen, L. L. Moldawer, C. F. Nathan, S. F. Lowry, and A. Cerami : Macrophages secrete a novel heparin-binding protein with inflammatory and neutrophil chemokinetic properties. *J. Exp. Med.*, **167**, 570-581, 1988.

15) K. Nishimura, S. Nishimura, N. Nishi, I. Saiki, S. Tokura, and I. Azuma : Immunological activity of chitin and and its derivatives. *Vaccine*, **2**, 93-99 (1984).

16) S. Nishimura, N. Nishi, S. Tokura, K. Nishimura, and I. Azuma : Bioactive chitin derivatives. Activation of mouse-peritoneal macrophages by O- (carboxymethyl) chitins. *Carbohydrate Res.*, **146**, 251-258 (1986).

17) K. Nishimura, S. Nishimura, H.Seo, N. Nishi, S. Tokura, and I. Azuma : Effect of multiporous microspheres derived from chitin and partially deacetylated chitin on the activation of mouse peritoneal macrophages. *Vaccine*, **5**, 162-166 (1987).

18) K. Nishimura, C. Ishihara, S. Ukei, S. Tokura, and I. Azuma: Stimulation of cytokine production in mice using deacetylated chitin. *Vaccine*, **4**, 156-161 (1986).

19) S. Chilmonczyk : The thymus of the rainbow trout (*Salmo gairdneri*) light and electron microscopic study. *Dev. Comp. Immunol.*, **7**, 59-68 (1983).

20) S. Chilmonczyk : The thymus in fish : development and possible function in the immune response. Annual Rev. Fish Diseases, pp.181-200 (1992).

21) S. A. Ahmed, R. M. Gogal Jr., and J. E. Walsh : A new rapid and simple nonradioactive assay to monitor and determine the proliferation of lymphocytes: an alternative to [^{3}H] thymidine incorporation assay. *J. Immunol. Methods*, **170**, 211-224 (1994).

22) R. de Fries and M. Mitsuhashi : Quantification of mitogen induced human lymphocyte proliferation: comparison of alamarBlue assay to ^{3}H-thymidine incorporation assay. *J. Clin. Lab. Analysis*, **9**, 89-95 (1995).

23) R. Phillips and A. R. Rabson : The effect of interleukin 1 (IL-1) containing supernatants on murine thymocytes maturation. *J. Clin. Lab. Immunol.*, **11**, 101-104 (1983).

24) M. J. Ehrke, R. L. X. Ho, and K. Hori : Species-specific TNF induction of thymocyte proliferation. *Cancer Immunol. Immunother.*, **27**, 103-108 (1988).

6. 顆粒球－魚類好中球の活性酸素産生機構を中心として－

椎 橋　孝 [*1]・飯 田 貴 次 [*2]

　細菌感染などの異物の侵入に対する生体防御機構の中で最も効果的な機構は食細胞によって行われている．食細胞には単球／マクロファージおよび好中球が含まれ，特に好中球は細菌などの侵入局所にいち早く遊走し，殺菌消化を行うことから初期感染防御において重要な因子である．好中球は食作用や脱顆粒などの連続した反応により，異物の取り込み，殺菌，消化および除去を効率よく行う．哺乳類はもとより，近年の魚類防疫学の範疇においても好中球による防御機構の重要性は注目を集めており，冒頭に述べたような哺乳類での知見と同様の機構が存在することが明らかになりつつある．

　好中球による殺菌機構は酸素分子の必要性の有無から 2 種類の機構に分類される．すなわち，活性酸素を殺菌因子とする酸素依存性殺菌機構およびディフェンシン，リゾチーム，ラクトフェリン，カテプシン，塩基性ペプチド，各種加水分解酵素などを含む酸素非依存性殺菌機構である [1]．中でも酸素依存性殺菌機構の重要性は，好中球の活性酸素産生能を欠損する慢性肉芽腫症患者が重度の感染症を繰り返すこと [2] からも明らかである．

　細菌などの異物の貪食または Phorbol 12-myristate 13-acetate（PMA）を代表とする種々の可溶性物質による刺激は好中球の酸素消費量を急激に増加させ，活性酸素の産生を誘発する．この現象は respiratory burst として知られており，酸素依存性殺菌機構において中心となる反応である．魚類においては，近年に至ってようやく酸素依存性殺菌機構に関する基礎的な知見が得られるようになった．そこで本稿では，哺乳類での知見と合わせて，魚類好中球における活性酸素産生機構および酸素依存性殺菌機構について筆者らによる研究成果を中心に紹介する．

[*1] 日本大学生物資源科学部獣医学科
[*2] 独立行政法人 水産総合研究センター養殖研究所病理部

§1. 魚類好中球の活性酸素産生能

　哺乳類での研究から，respiratory burst は細胞膜上に存在する NADPH 酸化酵素により触媒される反応であることが明らかとなっている．NADPH 酸化酵素は細胞質内に存在する NADPH を酸化することにより放出される電子を細胞膜上に構築される電子伝達系を介して細胞外の酸素分子（O_2）に供与し，好中球によって産生される最初の活性酸素種であるスーパーオキシド（O_2^-）を生成する[1]．

$$2O_2 + NADPH \rightarrow 2O_2^- + NADP^+ + H^+$$

respiratory burst 時に消費される全ての O_2 分子は O_2^- に転換されるため，O_2 消費量と O_2^- 産生量の量比は 1：1 であることが証明されている[3]．NADPH 酸化酵素によって生成された O_2^- は酸素依存性殺菌機構に関与する活性酸素の最初の生成物であり，不均化反応や酵素反応を経てより酸化力の強い活性酸素種に転換される．本機構における第 2 の活性酸素種である過酸化水素（H_2O_2）は，NADPH 酸化酵素によって産生された全ての O_2^- から，スーパーオキシドジスムターゼ（SOD）の酵素反応または不均化反応によって生成される[4]．

$$2O_2^- + 2H^- \rightarrow H_2O_2 + O_2$$

　このことから，respiratory burst 時の酸素代謝動態は，酸素消費量：O_2^- 産生量：H_2O_2 産生量 ＝ 2：2：1 となることが知られている[4]．

　魚類においては Itou ら[5]によってウナギ好中球の respiratory burst 時の酸素代謝動態における量比が，哺乳類と同様に 2：2：1 になることが報告されており，魚類好中球の NADPH 酸化酵素が機能的にも哺乳類と一致することが示唆された．そこで，筆者らはウナギの他に，淡水魚としてテラピア，海産魚として，マダイ，ブリ，タイリクスズキ，メジナ，イシダイを用い，各魚種より分離した好中球における respiratory burst 時の酸素消費量と O_2^- 産生量の量比を検討した[6]．テラピアおよび海産魚種からの好中球分離法は Endo ら[7]の方法に従い，鰓より分離した．また，淡水魚に関しては H_2O_2 産生量についてもあわせて検討した．その結果，供試魚として用いた全ての魚種の好中球において，PMA 刺激による respiratory burst および O_2^- の産生が惹起され，メジナを除く各魚種における酸素消費量および O_2^- 産生量の量的比率はおよそ 1：1 であった（表 6・1）．この結果は，哺乳類における知見と一致しており，全て

の酸素分子が 1 電子還元によって O_2^- に変換されることを示している. このことから魚類好中球は哺乳類と同様の活性酸素産生機構をもつことが示唆された. なぜ, メジナの好中球が他と異なるかは今のところ不明である.

表 6·1　Respiratory burst 時における各種魚類好中球の酸素代謝動態

魚種	n	O_2 消費量	O_2^- 産生量	H_2O_2 産生量
ウナギ	5	11.9± 0.9	9.7± 0.7	5.1 ±0.7
テラピア	5	18.2± 2.6	18.6± 2.5	9.6 ±0.5
マダイ	6	5.5± 0.7	5.9± 1.0	NT
ブリ	5	13.1± 1.3	13.9± 1.8	NT
タイリクスズキ	5	47.3± 5.7	42.9± 5.6	NT
メジナ	3	94.1±19.3	58.8±13.3	NT
イシダイ	3	58.7±17.7	62.0±14.3	NT

NT：測定せず
各魚種における平均値±標準誤差 （nmol/10^7 細胞 / 分）を示す.

　本実験では各魚種における PMA の最適濃度および最適温度の検討を行わなかったため, 魚種間における測定値の統計学的比較は一概に正確なものとは言えないが, 魚種ごとの測定値に大きな差が認められ, 生理的に respiratory burst 活性の強度に相違がある可能性が考えられた. しかしながら, これらの値が他と比べて低いマダイやウナギにおいて, 感染症に対する抵抗性が低いとの報告があるわけではなく, これらの魚種の好中球では他魚種よりも弱い活性酸素産生能を補うための代替的な機構が発達している可能性もある. 魚類好中球における酸素非依存性殺菌機構に関する知見は甚だ乏しく, 今後の検討が期待される.

　淡水魚種であるウナギおよびテラピアについては H_2O_2 産生量についても検討した. その結果, 両魚種の酸素消費量, およびスーパーオキシド産生量の約 1/2 の値であった. この結果から, 魚類においても活性酸素産生酵素により産生された全てのスーパーオキシドが H_2O_2 に転換されることが明らかとなった. H_2O_2 は哺乳類のみならず, ニジマスおよびウナギ好中球においても重要な殺菌因子であることが明らかになっている [8, 9]. また, 細胞内顆粒にミエロペルオキシダーゼ（MPO）をもつテラピア好中球において H_2O_2 産生が検出されたことは, それ自身が殺菌因子となりうるだけでなく, MPO 依存性次亜塩素酸産生の可能性も示唆するものであり, 魚類の酸素依存性殺菌機構の解明におい

ては重要な知見であるといえる．この点に関しては後の項で詳しく述べる．

§2. 魚類好中球における活性酸素産生酵素

　前述したように哺乳類の貪食細胞における酸素依存性殺菌機構の根本的な現象である respiratory burst および活性酸素産生は NADPH 酸化酵素により触媒される酵素反応である [1]．本酵素の分子機構はヒトで最もよく解析されており，その構成因子から活性化機構に至るまで詳細な検討がなされている．ヒト好中球における NADPH 酸化酵素は複数の因子から構成されていることが知られている（図 6·1）．すなわち，細胞膜もしくは特殊顆粒上に存在し，ヘムおよびフラビンを含む大小 2 つのサブユニットからなる cytochrome b_{558} [10, 11]，および細胞質内に存在する 21 kDa（GTP 結合タンパク），47 kDa および 67 kDa タンパク質を含む細胞質因子 [12-14] の存在が現在までに解明されている．本酵素の必須構成因子の 1 つである cytochrome b_{558} は大小 2 つのサブユニットからなり，細胞膜および特殊顆粒膜上に存在する膜結合型の因子である [15, 16]．cytochrome b_{558} の両サブユニットの 1 次構造は cDNA クローニングにより明らかにされており [17-19]，また，これらの知見を基に高次構造の解析も行われて

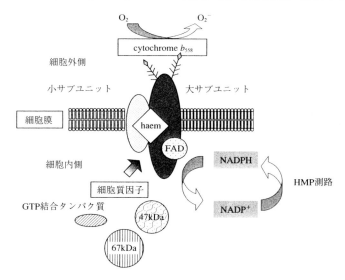

図6·1　ヒト好中球における NADPH 酸化酵素の構成因子

いる [11, 20]. Imajo-Ohmi ら [21] は cytochrome b_{558} 両サブユニットの遺伝子配列より推測されたアミノ酸配列に基づき，大サブユニットの C 末端および細胞外に露出していると推測される部位に相当するポリペプチドを化学合成した．この合成ペプチドを抗原として作製したポリクローナル抗体を用いて，大サブユニットを細胞内外から検出する抗体の作出に成功し，この研究により cytochrome b_{558} 大サブユニットは，その両端が細胞膜の内外に露出した膜貫通型の糖タンパク質であることを直接的に証明した．

　前述したように魚類好中球においても respiratory burst および活性酸素の産生が認められ，O_2 消費量および O_2^- 産生量の量的比率はおよそ 1：1 であったことに加え，その活性は哺乳類の NADPH 酸化酵素でみられるのと同様に Mg^{2+} で増強され，Ca^{2+} によって抑制されること [22] から魚類の活性酸素産生には哺乳類同様の酵素が関与することがうかがい知れる．

　Secombes and Fletcher [22] はニジマス頭腎マクロファージ破砕物における cytochrome b 酸化還元差スペクトルが哺乳類における cytochrome b_{558} と同様の 558 nm 付近にピークを示すことを明らかにした．一方魚類における本分子を初めて直接的に証明したのは Itou ら [24] であった．彼らは Imajo-Ohmi ら [21] の報告と同一部位である cytochrome b_{558} 大サブユニットの C 末端に相当する合成ペプチド（ペプチド Li；図 6·2）を用いてポリクローナル抗体（抗 Li 抗体）を作製し，ウェスタンブロット法により大サブユニットをウナギ好中球において検出した．

　筆者らは Itou ら [24] と同様の抗ペプチド抗体を用いたウェスタンブロット法により，メジナ，クロソイ，イシダイ，スズキ，マダイ，ブリ，ウナギおよびテラピアの好中球における cytochrome b_{558} 大サブ

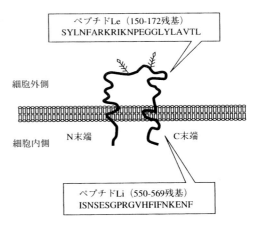

ペプチド Le（150-172残基）
SYLNFARKRIKNPEGGLYLAVTL

細胞外側

N末端　　　　C末端

細胞内側

ペプチド Li（550-569残基）
ISNSESGPRGVHFIFNKENF

図6·2　ヒト cytochrome b_{558} 大サブユニットの局在様式と細胞内外に分布する領域のアミノ酸配列

ユニットの検出を試みた[25]．その結果，試料とした全ての魚種で明瞭な反応が認められた（図6・3）．これらのバンドはウナギおよびヒト好中球での報告[24]と一致して糖タンパク質であることを示すブロードなバンドであった．このことから，cytochrome b_{558} 大サブユニットが魚類好中球に共通して存在することが明らかとなった．抗ペプチド抗体を用いた検出結果は前項で述べたように，多くの魚種においてrespiratory burst および活性酸素産生が認められる事実と一致し，NADPH 酸化酵素が魚類全般において活性酸素産生酵素であることを強く示唆するものである．

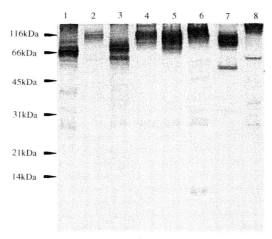

図6・3　ウェスタンブロット法による各種魚類好中球試料からの
cytochrome b_{558} 大サブユニット Li 部位の検出
抗 Li 抗体を 1 次抗体とし，ペルオキシダーゼ標識抗体により検出した．1，メジナ；2，クロソイ；3，イシダイ；4，スズキ；5，マダイ；6，ブリ；7，ウナギ；8，テラピア

　しかしながら，各魚種において検出された cytochrome b_{558} 大サブユニットの分子量領域に相違が認められ，魚種間において本分子に構造上の差が存在することが示唆された．この分子量の相違は，前項に述べた魚種による活性酸素産生量の相違と相関があるかもしれないが，今後更なる検討が必要である．

§3．魚類好中球における cytochrome b_{558} 大サブユニットの局在様式

　哺乳類における cytochrome b_{558} の細胞内局在に関する研究は，当初破砕した

細胞の細胞内小器官を密度勾配遠心法により分離し，それぞれの画分における cytochrome b 酸化還元差スペクトルを指標として検討された[15, 16]．この方法によって cytochrome b_{558} が少なくとも細胞膜と特殊顆粒上に存在することが明らかとなった．その後の研究では，cytochrome b_{558} を特異的に認識するモノクローナル抗体またはポリクローナル抗体を用い，免疫電子顕微鏡観察または蛍光抗体法による免疫細胞化学的検討がなされた．Nakamura ら[26] および Jesaitis ら[27] はこの手法を用いて細胞膜上および細胞質内顆粒上に cytochrome b_{558} のエピトープが存在するという前述の生化学的性状による検討と一致する報告をした．蛍光抗体法による cytochrome b_{558} の局所解剖学的検討は Imajoh-Ohmi ら[21] によってなされた．彼らは cytochrome b_{558} のアミノ酸配列から，大サブユニットの C 末端，小サブユニットの N および C 末端，さらに大サブユニットの細胞外側に存在すると予測された部位のアミノ酸配列それぞれに相当する 4 種のペプチドを合成し，それらを特異的に認識する抗ペプチド抗体を作出した．この 4 種の抗体を用いた蛍光抗体法による解析の結果から，大サブユニットの C 末端および小サブユニットの C，N 両末端は細胞内側に局在し，大サブユニットの細胞外側部位にもそのエピトープが存在することが明らかとなり，大サブユニットは細胞膜貫通型タンパクであること，小サブユニットは少なくともその一部が細胞膜の内側に突出した状態で局在することが証明された．

　魚類好中球の cytochrome b_{558} 大サブユニットの局在様式について前述の抗 Li 抗体を用いて，flow cytometer による解析を試みた[25]．ヒトでの知見から大サブユニットの C 末端に相当する部位は魚類においても細胞内側に存在することが予想された．そこで細胞内抗原を検出する目的で，ホルマリン固定したウナギおよびテラピア好中球を 70% メタノールで細胞膜透過処理を施した後，抗 Li 抗体と反応させた．その結果，透過処理試料においてより強い蛍光が検出された（図 6·4）．この実験により，ウナギおよびテラピア好中球の cytochrome b_{558} 大サブユニットの Li 部位が細胞内側に存在することが明らかとなった．哺乳類において Li 部位に相当する大サブユニットの C 末端は，NADPH 酸化酵素の活性化において重要な役割を果たしている．詳細は次項で述べるが，活性化に直接関与する哺乳類の C 末端に相同な部位が，同じく細胞内側に存在することから，魚類の活性化機構が哺乳類と同様であることは想像に難くない．

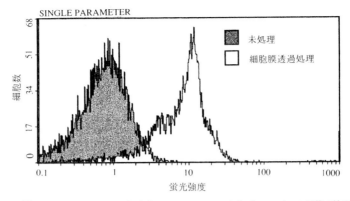

図 6・4　Flow cytometer による cytochrome b_{558} 大サブユニット Li 部位の検出
テラピア好中球の結果
細胞膜の透過処理（右のピーク）によって特異蛍光が観察された.

§4. 魚類好中球 NADPH 酸化酵素の活性化機構

　哺乳類貪食細胞の活性酸素産生酵素である NADPH 酸化酵素は膜因子である cytochrome b_{558} および少なくとも 3 種の細胞質因子を含む複数の因子から構成されていることが知られている（図 6・1）. 好中球が異物の貪食などの刺激を受けると細胞質因子は膜に移行し, 膜因子との複合体を形成し活性化状態となる[28, 29]. Rotrosen ら[20] および Nakanishi ら[30] は, 膜結合因子である cytochrome b_{558} 両サブユニットの C 末端が細胞質側に突出していることに着目し, これらの C 末端が細胞質因子の一つである 47 kDa タンパク質と相互作用をもつ機能部位であることを, C 末端に相当する合成ペプチドを用いた競合実験によって証明した. この報告に端を発し, ヒト好中球における他の因子の相互作用を含む本酵素の活性化機構の全容は明らかになりつつある[31].

　前項において哺乳類の NADPH 酸化酵素の必須構成因子である cytochrome b_{558} 大サブユニットが種々の魚類好中球に共通して存在し, その C 末端に相当する部位（Li 部位）が哺乳類と同様に細胞質側に局在することを示したが, このことは魚類好中球における本酵素の活性化機構に Li 部位が何らかの形で関与している可能性を強く示唆するものである. そこで, 第 2 項で使用した合成ペプチド（ペプチド Li ; 図 6・2 参照）を用いて, 魚類好中球における

NADPH 酸化酵素の活性化機構の解明を試みた[25].

　ペプチド Li を好中球の電気穿孔処理によって細胞内に導入した後，PMA 刺激することによって，細胞内に導入されたペプチド Li が活性酸素産生に及ぼす影響を調べた．また，他のペプチドの影響を比較するために，哺乳類大サブユニットの細胞外側部分に相当する合成ペプチド（ペプチド Le ; 図 6・2 参照）および，cytochrome b_{558} に由来しない配列のポリペプチドとして Rotorosen ら[20] によって用いられたブラジキニンを用いた．ペプチド感作好中球の O_2^- 産生能を化学発光法により測定したところ，ペプチド Li を細胞質内に導入した魚類好中球において活性酸素産生能が有意に抑制され（図 6・5），この抑制はコントロールとして用いた 2 種のペプチドでは認められなかった．このことから，ペプチド Li は魚類好中球の活性酸素産生系に対して特異的に影響を及ぼしていると考えられた．現在までに哺乳類および魚類で得られている知見から推察すると，魚類においても Li 部位が活

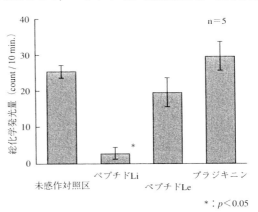

図 6・5　テラピア好中球の活性酸素産生能に与える各種ペプチドの影響
*他の試験区との有意差（p<0.05）あり

性酸素産生に直接的に関与する機能部位である可能性が高い．今のところその存在が証明されていない細胞質因子が魚類好中球においても存在すると仮定すると，電気穿孔された魚類好中球の内部に導入されたペプチド Li は Li 部位と競合関係にあり，刺激によって NADPH 酸化酵素が活性化する際に，細胞質因子との相互作用を阻害しているものと考えることができる．これらの知見は魚類好中球の活性酸素産生系活性化機序に関する初めての例であり，今後，魚類の NADPH 酸化酵素の機能解析に大きな示唆を与えるものである．

§5. 魚類好中球における活性酸素産生酵素の電子供与体

哺乳類での研究の初期において respiratory burst に伴って代謝回転が増大するヘキソースモノリン酸（HMP）側路により特異的に生成される NADPH が活性酸素への電子供与体であると考えられていた[32]. Nakamura ら[33]によって，刺激した好中球に界面活性剤を用いて膜透過性亢進処理した後 NADPH を加えると respiratory burst に見合う酸素消費が観察されること，同様の実験において，NADPH を特異的に生成する HMP 側路の基質である NADP およびグルコース-6-リン酸を加えることにより respiratory burst を再現できること[34]が示され，respiratory burst に関与する酵素が NADPH を電子供与体とすることが証明された.

魚類好中球の貪食に伴う respiratory burst 時のエネルギー代謝に解糖系もしくは HMP 側路が関与する可能性は，ウナギ好中球が貪食のエネルギー源としてグリコーゲンを使用すること[35]，グリコーゲン含量の高い末梢血好中球では含量の低い頭腎好中球に比べて活性酸素産生能が高い[36]ことからもうかがえる. また，魚類好中球の活性酸素産生酵素が NADPH 酸化酵素であることを主張する根拠についてもこれまでに述べてきた. しかしながら，哺乳類同様 NADPH が，魚類好中球の活性酸素産生における電子供与体であるとの直接的証明はなされていなかった.

そこで，テラピア好中球を用いて，Nakamura ら[33]と同様の実験を試みた（図6·6）[37]. PMA 刺激したテラピア好中球の細胞膜透過性を界面活性剤であ

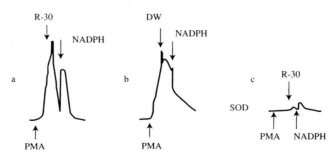

図6·6 テラピア好中球の活性酸素産生に及ぼす外因性電子供与体の影響
CLA 依存性化学発光により測定した. a：PMA, Renex 30（R-30），NADPH をそれぞれの箇所で添加した. b：R-30 に代わり蒸留水（DW）を添加した. c：SOD（300U／mℓ）の存在下で a と同様の実験を行った.

る Renex 30 を用いて亢進させるとスーパーオキシドの産生はなくなったが，NADPH を加えることによってスーパーオキシドの産生が回復した．NADPH が濃度勾配にしたがって細胞内に入ることによって酵素活性が誘導されるものと考えられ，NADPH が電子供与体となりうることが示唆された．このことは哺乳類の NADPH 酸化酵素において細胞内側に NADPH 結合部位があるとの知見[33]が魚類においても当てはまることを示唆する．この結果から魚類好中球の活性酸素産生酵素も哺乳類と同様に NADPH を電子供与体とすること，すなわち NADPH 酸化酵素であることが明らかとなった．

§6. 魚類好中球における酸素依存性殺菌機構

好中球は respiratory burst に伴い種々の活性酸素（O_2^-，H_2O_2，ハイドロキシルラジカル，1 重項酸素，次亜塩素酸など）を産生し，哺乳類における消去剤を用いた実験から，それらのうちいくつかは殺菌に直接関与する因子であることが証明されている[38-41]．一方，魚類貪食細胞における酸素依存性殺菌活性においては，ニジマスの頭腎細胞[8]およびウナギの好中球[9]を用いた報告があり，種々の活性酸素消去剤の存在下での殺菌活性を測定することにより，少なくとも H_2O_2 は両魚種の食細胞の酸素依存性殺菌に重要な殺菌因子であることが報告されている．魚類の好中球で明らかにされている殺菌に関わる活性酸素種を図6・7 に示した．

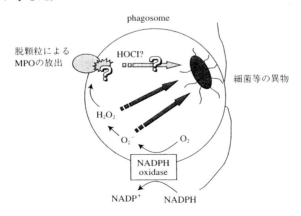

図6・7　魚類好中球の酸素依存性殺菌機構

　魚類においては，ほとんどの魚種の好中球が MPO 陽性である[42]．哺乳類好中球において MPO は H_2O_2 および Cl^- の存在下で非常に酸化力の強い次亜塩素酸の産生を触媒する酵素であること[1] が知られており，次亜塩素酸は好中球による殺菌において最も重要な因子[43] であると目されている．そのため，魚類好中球における MPO の存在は酸素依存性殺菌機構の観点から非常に意味深いものである．そこで魚類における次亜塩素酸の産生を検出するとともに，次亜塩素酸が殺菌に関与するかどうかを検討した[44]．

　各種活性酸素消去剤と MPO の阻害剤であるアジ化ナトリウム（NaN₃）存在下での化学発光を，主に次亜塩素酸によって発光するルミノールを用いて測定した（図 6・8）．NaN₃ はテラピア好中球のルミノール依存性化学発光（L-CL）を抑制したことから，テラピア好中球によって次亜塩素酸が産生されることが

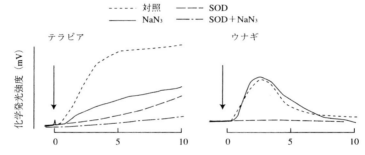

図 6・8　MPO 抑制剤および活性酸素消去剤が魚類好中球のルミノール依存性化学発光に及ぼす影響

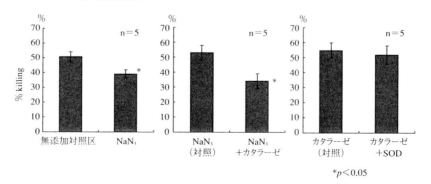

$*p < 0.05$

図 6・9　MPO 抑制剤および活性酸素消去剤がテラピア好中球の殺菌活性に及ぼす影響
　　　　*対照との間に有意差あり（$p < 0.05$）

示唆された．また，ウナギ好中球の L-CL は NaN_3 によって影響されず，ウナギ好中球に MPO がほとんど検出されない事実[45]からも，テラピア好中球における L-CL の NaN_3 による抑制が MPO 依存性次亜塩素酸産生の抑制によることを裏付けるものである．また，NaN_3 はテラピア好中球の大腸菌に対する殺菌活性を有意に抑制した（図6·9）．このことから，MPO を介して産生された次亜塩素酸が殺菌に関与することが明らかとなった．

H_2O_2 の消去剤であるカタラーゼはテラピア好中球による大腸菌の殺菌を有意に抑制したが，スーパーオキシドの消去剤である SOD は殺菌活性に影響を与えなかった（図6·9）．このことから H_2O_2 がテラピア好中球の殺菌機構において重要な役割を果たすことが示された．Itou ら[9]および筆者ら[44]は，ウナギおよびテラピア好中球による H_2O_2 の産生量と H_2O_2 による in vitro での殺菌から，魚類好中球による酸素依存性殺菌の重要性を理論的に説明している．すなわち，ウナギ好中球が産生しうる H_2O_2 産生量から細胞内での H_2O_2 濃度を考え，1〜2 分で殺菌に十分な濃度に達することを導き出した．以上のことから，魚類好中球における酸素依存性殺菌機構が生体防御において重要な意味をもつことは明らかである．

以上，魚類好中球の活性酸素産生能および酸素依存性殺菌機構を，NADPH酸化酵素を中心に述べてきたが，上述の通り，哺乳類の貪食細胞とほぼ同様の機構が存在することが明らかとなった．しかしながら，活性酸素産生機構の全容が明らかになった訳ではなく，細胞質内因子の存在や活性化に関わるシグナル伝達機構などをさらに詳細に検討する必要がある．近年魚類において好中球の生体防御活性は社会的ストレスやコルチゾール[46, 47]によって有意に抑制されることが報告され，また，水温などの影響も受けやすいとの知見も得られている（未発表データ）．このように活性酸素産生能を含む魚類好中球の生体防御能は環境などの影響により容易に抑制される可能性が高い．今後の魚類防疫を考える上で，このような種々の要因による抑制機構に関する研究の進展も望まれる．

文　献

1) S. W. Edwards : Biochemistry and physiology of the neutrophils. Cambridge University Press, 1994, 299pp.

2) P. G. Quie, J. G. White, B. Holmes, and R. A. Good : *In vitro* bactericidal capacity of human polymorphonuclear leukocytes : diminished activity in chronic granulomatous disease of childhood. *J. Clin. Invest.*, **46**, 668-679 (1967).

3) R. Makino, T. Tanaka, T. Iizuka, Y. Ishimura, and S. Kanegasaki: Stoichiometric conversion of oxygen to superoxide anion during the respiratory burst in neutrophils. Direct evidence by a new method for measurement of superoxide anion with diacetyldeuteroheme- substituted horseradish peroxidase. *J. Biol. Chem.*, **261**, 11444-11447 (1986).

4) F. Rossi : The O_2^- -forming NADPH oxidase of the phagocytes: nature, mechanisms of activation and function. *Biochim. Biophys. Acta*, **853**, 65-89 (1986).

5) T. Itou, T. Iida, and H. Kawatsu: Kinetics of oxygen metabolism during respiratory burst in Japanese eel neutrophils. *Dev. Comp. Immunol.*, **20**, 323-330 (1996).

6) 椎橋　孝：魚類好中球における NADPH 酸化酵素の存在および機能に関する研究. 学位論文, 鹿児島大学, 2000, 150 pp.

7) M. Endo, C. Arinlertaree, L. Ruangpan, A. Ponpornpist, T. Yoshida, and T. Iida : A new method for collecting neutrophils using swim bladder. *Fish. Sci.*, **63**, 644-645 (1997).

8) G. J. E. Sharp and C. J. Secombes : The role of reactive oxygen species in the killing of the bactericidal fish pathogen *Aeromonas salmonicida* by rainbow trout macrophages. *Fish Shellfish Immunol.*, **3**, 119-129 (1993).

9) T. Itou, T. Iida, and H. Kawatsu: The importance of hydrogen peroxide in phagocytic bactericidal activity of Japanese eel neutrophils. *Fish Pathol.*, **32**, 121-125 (1997).

10) A. W. Segal and O. T. G. Jones : Novel cytochrome b system in phagocytic vacuoles of human granulocytes. *Nature*, **267**, 515-517 (1978).

11) A. W. Segal, I. West, F. Wientjes, J. H. A. Nugent, A. J. Chavan, B. Haley, R. C. Garcia, H. Rosen, and G. Scrace : Cytochrome b-245 is a flavocytochrome containing FAD and the NADPH-binding site of the microbicidal oxidase of phagocytes. *Biochem. J.*, **284**, 781-788 (1992).

12) T. Mizuno, K. Kaibuchi, S. Ando, T. Musha, K. Hiraoka, K. Takaishi, M. Asada, H. Nunoi, I. Matsuda, and Y. Takai : Regulation of the superoxide-generating NADPH oxidase by a small GTP-binding protein and its stimulatory and inhibitory GDP/GTP exchange proteins. *J. Biol. chem.*, **267**, 10215-10218 (1992).

13) Y. Bromberg and E. Pick : Activation of NADPH-dependent superoxide production in a cell-free system by sodium dodecyl sulfate. *J. Biol. Chem.*, **260**, 13539-13545 (1985).

14) R. A. Clark, H. L. Alech, J. I. Gallin, H. Nunoi, B. D. Volpp, D. W. Pearlson, W. M. Nauseef, and J. T. Curnutte : Genetic variants of chronic granulomatous disease : prevalence of deficiencies of cytosolic components of the NADPH oxidase system. *New Engl. J. Med.*, **321**, 647-652 (1989).

15) N. Borregaard, J. M. Heiple, E. R. Simons, and R. A. Clark : Subcellular localization of the b-cytochrome component of the human neutrophil microbici-

dal oxidase : translocation during activation. *J. Cell Biol.*, **97**, 52-61 (1983).

16) T. Yamaguchi, M. Kaneda, and K. Kakinuma : Is cytochrome *b*558 tranlocated into plasma membrane from granules during the activation of neutrophils? *J. Biochem.*, **99**, 953-959 (1986).

17) B. Royer-Pokora, L. M. Kunkel, A. P. Monaco, S. C. Goff, P. E. Newburger, R. L. Baehner, F. S. Cole, J. T. Curnutte, and S. H. Orkin : Cloning the gene for an inherited human disorder -chronic granulomatous disease- on the basis of its chromosomal location. *Nature*, **322**, 32-38 (1986).

18) C. Theahan, P. Rowe, P. Parker, N. Totty, and A. W. Segal : The X-linked chronic granulomatous disease gene codes for the b-chain of cytochrome b-245. *Nature*, **327**, 720-721 (1987).

19) C. A. Parkos, M. C. Dinauer, L. E. Walker, R. A. Allen, A. J. Jesaitis, and S. H. Orkin : Primary structure and unique expression of the 22-kilodalton light chain of human neutrophil cytochrome b. *Proc. Natl. Acad. Sci. USA*, **85**, 3319-3323 (1988).

20) D. Rotrosen, M. E. Kleinberg, H. Nunoi, T. Leto, J. I. Gallin, and H. L. Malech : Evidence for a functional cytoplasmic domain of phagocytic oxidase cytochrome b558. *J. Biol. Chem.*, **265**, 8745-8750 (1990).

21) S. Imajoh-Ohmi, K. Tokita, K. Ochiai, M. Nakamura, and S. Kanegasaki: Topology of cytochrome b558 in neutrophil membrane analyzed by anti-peptide antibodies and proteolysis. *J. Biol. Chem.*, **267**, 180-184 (1992).

22) T. Iida and H. Wakabayashi : Respiratory burst of Japanese eel neutrophils. *Fish Pathol.*, **30**, 257-261 (1995).

23) C. J. Secomeb and T. C. Fletcher : The role of phagocytes in protective mechanism of fish. *Ann. Rev. Fish Dis.*, **2**, 51-71 (1992).

24) T. Itou, T. Iida and H. Kawatsu : Evidence for the existence of cytochrome b558 in fish neutrophils by polyclonal anti-peptide antibody. *Dev. Comp. Immunol.*, **22**, 433-437 (1998).

25) T. Shiibashi, T. Iida and T. Itou : Analysis of localization and function of the COOH-terminal corresponding site of cytochrome b_{558} in fish neutrophils. *Dev. Comp. Immunol.*, **23**, 213-219 (1999).

26) M. Nakamura, S. Sendo, R. van Zwieten, T. Koga, D. Roos and S. Kanegasaki : Immunocytochemical discovery of the 22- to 23-Kd subunit of cytochrome b_{558} at the surface of human peripheral phagocytes. *Blood*, **72**, 1550-1552 (1988).

27) A. J. Jesaitis, E. S. Buescher, D. Harrison, M. T. Quinn, C. A. Parkos, S. Livesey, and J. linner : Ultrastructural localization of cytochrome *b* in the membranes of resting and phagocytosing human granulocytes. *J. Clin. Invest.*, **85**, 821-835 (1990).

28) A. W. Segal and A. Abo : The biochemical basis of the NADPH oxidase of phagocytes. *Trends Biochem. Sci.*, **18**, 43-47 (1993).

29) S. J. Chanock, J. El Benna, R. M. Smith, and B. M. Babior : The respiratory burst oxidase. *J. Biol. Chem.*, **269**, 24519-24522 (1994).

30) A. Nakanishi, S. Imajoh-Ohmi, T. Fujinawa, H. Kikuchi, and S. Kanegasaki : Direct evidence for interaction of cytochrome b_{558} subunits and cytosolic 47-kDa protein during activation of an O_2 -generating system in neutrophils. *J. Biol. Chem.*, **267**, 19072-19074 (1992).

31) R. A. Clark : Activation of the neutrophil respiratory burst oxidase. *J. Infect. Dis.*, **179 (Suppl 2)**, S309-317 (1999).

32) G. Y. N. Iyer, D. M. F. Islam and J. H. Quastel: Biochemical aspects of phagocytosis. *Nature*, **192**, 535-541 (1961).

33) M. Nakamura, C. R. Baxter, and S. S. Masters : Simultaneous demonstration of phagocytosis-connected oxygen consumption and corresponding NAD (P) H oxidase activity : Direct evidence for NADPH as the predominant electron donor to oxygen in phagocytizing human neutrophils. *Biochem. Biophys. Res. Commun.*, **98**, 743-751 (1981).

34) H. Suzuki and K. Kakinuma : Evidence that NADPH is the actual substrate of the oxidase responsible for the "respiratory burst" of phagocytosing polymorphonuclear leukocytes. *J. Biochem.*, **93**, 709-715 (1983).

35) 朴性佑・若林久嗣：異物刺激がウナギの好中球のグリコーゲン含量に与える影響，魚病研究，**25**，231－236（1990）.

36) S. Park and H. Wakabayashi : Comparison of pronephric and peripheral blood neutrophils of eel, *Anguilla japonica*, in phagocytic activity. *Fish Pathol.*, **27**, 149-152 (1992).

37) T. Shiibashi and T. Iida : NADPH and NADH serve as electron donor for the superoxide-generating enzyme in tilapia (*Oreochromis niloticus*) neutrophils. *Dev. Comp. Immunol.*, **25**, 461-4a65 (2001).

38) R. B. Johnston Jr., B. B. Keel Jr., H. P. Misra, J. E. Lehmeyer, L. S. Webb, R. L. Baehner, and K. V. Rajagopalan : The role of superoxide anion generation in phagocytic bactericidal activity. *J. Clin. Invest.*, **55**, 1357-1372 (1975).

39) H. P. Misra and I. Fridovich : Speroxide disumutase and the oxygen enhancement of radiation lethality. *Arch. Biochem. Biophys.*, **176**, 557-581 (1976).

40) A. L. Sagone Jr., G. W. King, and E. N. Metz : A comparision of the metabolic response to phagocytosis in human granulocytes and monocytes. *J. Clin. Invest.*, **57**, 1352-1358 (1976).

41) M. Sasada and R. B. Johnston Jr. : Macrophage microbicidal activity. *J. Exp. Med.*, **152**, 85-98 (1980).

42) P. M. Hine and J. M. Wain : Observations on the granulocyte peroxidase of teleosts: a phylogenetic perspective. *J. Fish Biol.*, **33**, 247-254 (1988).

43) H. J. Sips and M. N. Hamers: Mechanism of the bactericidal action of myeloperoxidase : Increased permeability of *Escherichia coli* cell envelope. *Infect. Immunol.*, **31**, 11-16 (1981).

44) T. Shiibashi, K. Tamaki, and T. Iida : Oxygen-dependent bactericidal activity of tilapia neutrophils, *Suisanzoshoku*, **47**, 545-550 (1999).

45) 朴性佑・若林久嗣：ニホンウナギ頭腎中の白血球性状．魚病研究，**24**，225-231 (1989).

46) J. Kurogi and T. Iida : Social stress suppressed the defense activities of neutrophils in tilapia. *Fish pathol.* **34**, 15-18 (1999).

47) J. Kurogi and T. Iida : Inhibitory effect of cortisol on the defense activities of tilapia neutrophils *in vitro*. *Fish pathol.* **37**, 13-16 (2002).

7. 免疫担当細胞および免疫器官による異物処理

中 村 弘 明 ＊・菊 池 慎 一 ＊

　脊椎動物一般の免疫機構は，大きく自然免疫と獲得免疫にわけることができる．自然免疫は，マクロファージなどの食細胞を中心としたいわゆる非特異的な防御機構で，一方の獲得免疫は，リンパ球と抗体を中心とした特異的な防御機構として位置付けられている．最近の免疫系進化の研究から，軟骨魚類（サメ，エイ）の免疫系は，哺乳類に匹敵するレベルにまで発達し，免疫系の主役分子はすべて存在しているのに対して，無顎類（メクラウナギ，ヤツメウナギ）には，抗体，T細胞レセプター，MHC分子は一切存在しないことが推定され，無顎類と軟骨魚類の間で，進化的にきわめて大きな変化があったことが示唆されている[1]．このように顎のある魚類には，哺乳類に比肩される立派な免疫系が備わっている．

　本章では，硬骨魚類の免疫担当細胞と免疫器官が担う生体防御機能のうち，食細胞を中心とした非特異的な異物処理機構について，これまでわれわれが形態学的に観察してきた所見を紹介する．

§1. 貪食作用

　侵入した細菌などの微生物は，食作用によって細胞に取り込まれ，殺され消化される．食作用を行う細胞は，主として顆粒球と単球/マクロファージである．

　魚類の顆粒球には，好中球，好酸球，好塩基球の3種類が報告されている[2,3]．これら3種の顆粒球の相対的な量比や染色性については，魚種による差が大きい．サケ科魚類では，好中球が大部分を占め，好酸球と好塩基球は非常に少ないかほとんど存在しない．ウナギやメダカなどのように，好中球しかもたない種も多く知られている．

　好中球は，ペルオキシダーゼ，リゾチームなどを含み，生体内に異物が侵入

＊ 東京歯科大学

した際に，いち早く集合する細胞であり，活性酸素の産生による殺菌作用を有している（Ⅲ.6.参照）.

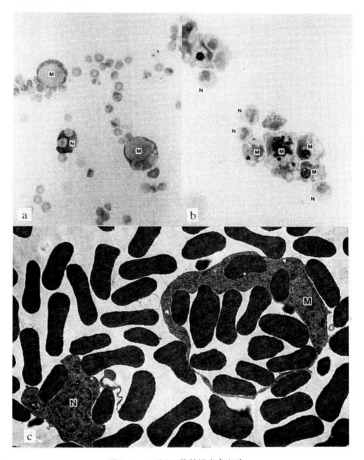

図7·1　メダカの腹腔浸出白血球
　a：ヒツジ赤血球（SRBC）を腹腔内注射したときに浸出してきたマクロファージ（M）と好中球（N）．両者にSRBCの取り込みが見られる．ペルオキシダーゼ染色.
　b：ラテックス粒子（LB：直径1μm）を腹腔内注射したときに浸出してきたマクロファージ（M）と好中球（N）．マクロファージにLBの取り込みが見られる．非特異的エステラーゼ染色.
　c：SRBCを腹腔内注射したときに浸出してきたマクロファージ（M）と好中球（N）の電顕像．マクロファージは，細胞膜を伸展させて，SRBCを包み込むように取り込んでいる.

　マクロファージは，リゾチーム，酸性フォスファターゼ，エステラーゼなどの酵素を多く含む貪食活性の強い細胞で，細胞表面には Fc リセプター，C3 リセプターが存在する．活性酸素やサイトカイン様物質の産生など，多彩な機能が知られている（Ⅲ．5．参照）．

　他に，血液凝固に関与する細胞である栓球も，食作用をもつことが報告されているが，その能力は低く，細胞内での消化能も明瞭でない．

　魚類の白血球の同定には酵素組織化学法が有効であり，メダカでは，ペルオキシダーゼあるいは非特異的エステラーゼの染色法により，好中球，マクロファージ，リンパ球が染め分けられ，貪食過程の顕微鏡観察が容易となる[4]．腹腔内にヒツジ赤血球（SRBC）やラテックス粒子を注射したメダカの腹腔浸出細胞の塗抹標本を，組織化学的に染色して光顕観察すると，好中球とマクロファージに取り込みが認められる（図 7・1a, b）．マクロファージでは特にたくさんのSRBCを一度に取り込む形態（wrapping）が認められ，好中球の取り込み方との違いが見られる（図 7・1c）．SRBC や酵母は，細胞内消化によって分解されることにより排除される．

§2. 隔離とメラノマクロファージセンターの形成

　難消化性の異物，たとえばカーボン粒（carbon particle）やラテックス粒子を腹腔内注射すると，それらは主にマクロファージに取り込まれ，数日を経過すると，腹膜や腸間膜の周辺で異物を取り込んだマクロファージの集塊が形成される．このマクロファージは，異物以外に，しばしばリポフスチンやメラニンなどの色素を含むのでメラノマクロファージと呼ばれ，その集塊はメラノマクロファージセンター（MMC）と呼ばれている[5]．硬骨魚類の膵臓は，しばしば腸間膜周辺の脂肪組織と混在しているので，たとえばカーボン粒を腹腔内注射したドロメやキンギョでは，膵臓に大きな MMC が形成されたかのような光顕像を呈する（図 7・2）．電子顕微鏡観察によると，MMC の周囲は扁平化したマクロファージ様細胞で取り囲まれ，その内部には異物を取り込んだマクロファージが密集している．メラノマクロファージ同士の細胞癒合は一般には観察されていないが，マアナゴの脾臓MMC では，多核細胞の存在から，細胞癒合の可能性が指摘されている[6]．

　このように腹腔内で分散していた異物は，マクロファージを中心とした食細胞に取り込まれた後，MMC の形成によって，集中化（centralization），分解（destruction），無毒化（detoxification）そして場合によっては再利用（recycling）という形で処理されることが指摘されている[7].

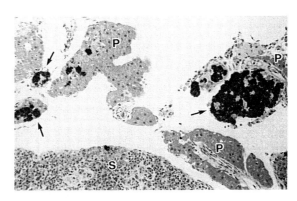

図7・2　キンギョの膵臓（P）に形成されたメラノマクロファージセンター（MMC）
カーボン粒を腹腔内に注射して2ヶ月後の膵臓付近の組織像．膵臓の組織内にカーボン粒を取り込んだマクロファージが集塊となり，MMC（矢印）を形成している．
S：脾臓.

§3. 包囲化

　プラスチック片や他の魚の鱗など，個々の白血球が取り込むには大きすぎる異物を腹腔内に挿入すると，貪食作用に代って包囲化が起こる．異物の周囲にはマクロファージを中心とした白血球が集積し，あるものは異物に付着し，あるものは扁平な細胞となって，疎性の細胞層を形成して異物を封じ込める（図7・3）．大型で体外へ排除し難い異物は，このような数層の細胞による包囲化によって隔離され，比較的無害な状態にして，体内で保持されるものと思われる．

§4. 脾臓と腎臓における異物の取り込み

　魚の腹腔内に投与された粒子状の小さな異物は，上で述べたように腹腔内で好中球やマクロファージに取り込まれるが，その一部は直接血流に移行する．

魚類の横中隔（哺乳類の横隔膜に相当する胸腔と腹腔の境に存在する膜状の組織）には，直径数 μm の孔があり，カーボン粒や直径 2 μm 程度のラテックス粒子などの異物は，その孔を通過して血流に入るものと考えられる．血中の異物を捕捉する器官は，主として脾臓と腎臓である[7, 8]．

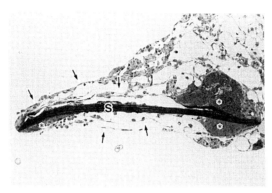

図7・3　メダカの白血球による包囲化
メダカの腹腔内に他個体の鱗（S）を挿入すると，マクロファージを主体とする細胞が集積し，付着細胞（＊）や扁平細胞（矢印）として異物を取り囲み，包囲化によって隔離する．挿入して 3 週後の樹脂切片／トルイジンブルー染色標本．

　メダカの腹腔内にカーボン粒を注射した後，経時的に脾臓と腎臓を組織学的に観察すると，注射後 15 分で既に，脾臓のエリプソイドと腎臓の洞様血管内マクロファージに捕捉された異物が見出される[9]（表7・1）．
　エリプソイドとは，脾臓に存在する特殊な血管（莢動脈）あるいはその莢状の組織を指し，そこでは内皮細胞の周囲に発達した細網線維と細網細胞およびそれを取り巻くマクロファージが，文字通りの莢を形成している．カーボン粒などの飲作用（pinocytosis）で取り込みが可能な微小粒子性の異物は，エリプソイドの細網細胞に取り込まれる（図7・4）．マアナゴに直径 0.5 μm と 2.0 μm のラテックス粒子を注射した実験では，直径 0.5 μm のラテックス粒子のみがエリプソイドに存在するマクロファージに取り込まれることから，エリプソイドの血管では，内皮細胞間を通過できる異物の大きさに制限があることが示唆されている[6]．エリプソイドの近傍には，通常 MMC が存在し[10]，注射後

数日を経過すると，異物は次第に MMC に集まる傾向を示し，アナゴでは注射後 2 日位，メダカでは 2～3 週間ほどで明瞭な異物を含んだ細胞の集塊が形成される．

表7・1　メダカ，キンギョ，レモンテトラの腹腔内に投与されたカーボン粒の各臓器への取り込み

	温度／時間	心臓	脾臓	腎臓	胸腺	肝臓
メダカ	23℃ / 15分	＋＋[1]	＋＋	＋	－	－
	/ 30分	＋＋[1]	＋＋	＋	－	－
	/ 90分	＋＋[1]	＋＋	＋＋	－	－
	/ 24時間	＋＋＋[1]	＋＋＋	＋＋＋	－	－
	10℃ / 15分	＋[1]	＋	±	－	－
	4℃ / 15分	－[1]	±	－	－	－
	/ 18 時間	＋＋[1]	＋＋	＋＋	－	－
キンギョ	23℃ / 24 時間	＋[2]	＋＋＋	＋＋＋	ND	－
レモンテトラ	23℃ / 24 時間	＋[2]	＋＋＋	＋＋＋	ND	－

[1]　内皮細胞と心臓内食細胞に取り込みあり
[2]　心臓内の常在マクロファージに取り込みあり
　　＋＋＋，＋＋，＋，±，－は取り込まれたカーボン粒の相対量を示す．
　　ND：未検定
　　(Nakamura, H and Shimozawa, A, (1994) より改変)

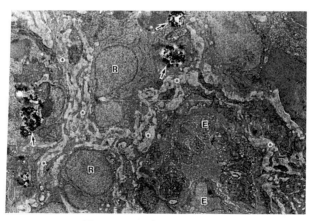

図7・4　メダカ脾臓のエリプソイド
エリプソイドの血管では，発達した細網線維（＊）が内皮細胞（E）を取り囲み，細網細胞（R）には，腹腔内注射されたカーボン粒（矢印）が取り込まれている．

　メダカに投与されたカーボン粒は，MMC 内で約 2 年を経過した後も保持されていた[11]（表7・2）.

　腎臓でも時間の経過とともに異物が実質から MMC に多く見られるようになることが観察されている.

表7・2　メダカの腹腔内に注射されたカーボン粒の取り込みと隔離

器官	腹腔内注射後の時間							
	1 日	3 日	1 週	2 週	3 週	7 週	1 年	2 年
脾臓：エリプソイド	++	++	++	++	++	+	±	−
MMC	±	+	+～++	+++	+++	+++	+++	+++
腎臓：M	++	++	++	++	++	++	++	++
MMC	±	±	+	++	++	++	++	++
心臓：内皮細胞	++	++	++	++	++	+	±	±
MMC	±	+		++	++	++	++	++

　　M：洞様毛細血管内マクロファージ，MMC：メラノマクロファージセンター
　　（Nakamura, H. *et al.*（1992）より改変）

　このように，血液中に入った難消化性異物は，脾臓や腎臓の MMC に隔離・保持されることがわかる.

§5. 心臓における異物処理

　数種の魚類では，心臓が異物除去にあたることが知られている. メダカやドロメ（ハゼ科海産魚）の腹腔内にカーボン粒やフェリチンなどの異物を注射すると，先に述べた通り，脾臓と腎臓に取り込みが見られる他，心臓内皮細胞においても顕著な取り込みが観察される[9, 11]. 特にフェリチンに対する取り込みは，脾臓と腎臓より強い傾向を示し，内皮細胞は取り込んだフェリチンで充満するほどになる（図 7・5）. メダカの心臓内皮細胞は直径 $2\,\mu$m 程度のラテックス粒子をも取り込む能力を示すが，一方では，キンギョやテトラ類（ネオンテトラ，シルバーチップテトラ）の心臓内皮細胞は，異物に対してほとんど取り込み能を示さないなど，魚種による取り込み能に差があることが観察されている[9, 13].

　心臓内皮細胞の表面には，哺乳類の肝クッパー（Kupffer）細胞と類似した細胞が見出されている. 電子顕微鏡観察によると，この細胞は，しばしば複雑

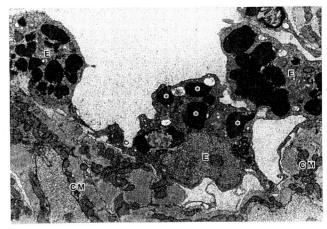

図7・5　メダカ心臓内皮細胞におけるフェリチンの取り込み
フェリチンを腹腔内注射後15日目のメダカの心房内皮細胞（E）の電顕像.
フェリチン粒子（＊）はEの中に多量に取り込まれている. CM：心筋.

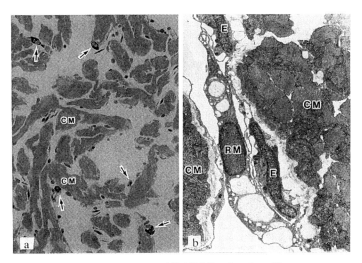

図7・6　キンギョの心臓内常在性マクロファージ
a：心筋（CM）の梁柱構造に沿って，カーボン粒を取り込んだ常在性マク
ロファージ（矢印）が点在している. 樹脂切片／トルイジンブルー染色.
b：キンギョ心臓の電顕像. 常在性マクロファージ（RM）は心臓内皮細胞
（E）の上に密着するように存在し，空胞や細胞突起をもつなど，単球とは
明らかに異なった形態を示している. CM：心筋.

な細胞突起をもって内皮細胞に接着し，血液中の単球とは明らかに異なった形態を示すものが多い．血中の異物に対しての顕著な取り込み能を示すこの細胞は，魚類の心臓内常在性マクロファージと考えられる（図7·6）．魚類の多くは，肝クッパー細胞をもたないことが確認されているので[14]，この心臓内常在性マクロファージは肝クッパー細胞の代役を担っているのかもしれない．今後，研究対象の魚種を増やす必要があろう．

§6. 皮膚における異物排除

　非角化重層扁平上皮からなる硬骨魚類の皮膚は，皮膚呼吸や異物の侵入の機械的防御とともに，異物の排除の場としても機能している．

　メダカの皮下に異物（カーボン粒）を投与すると，投与直後に見られたカーボン粒による皮膚の黒変は，およそ1ヶ月以内で肉眼的には認められなくなる．組織学的には，投与後3日程度で，異物を取り込んだマクロファージが表皮中に侵入し，それらはやがて体表から排除されて行くことが観察される[11]．

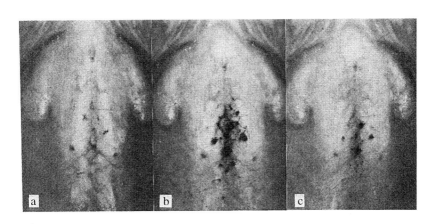

図7·7　キンギョの腹腔内に注射したカーボン粒の腹壁からの排除
腹腔内に注射されたカーボン粒は，胸鰭付近の腹壁から，注射後5日目をピークに排出されて行くことが，肉眼的に観察される．
a：注射後3日目．小さな黒点が出現している．
b：注射後5日目．腹壁の黒点は増加・増大する．
c：注射後7日目．徐々に黒点は減少する．

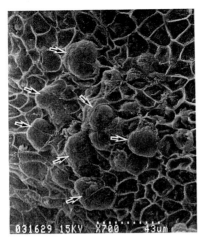

図7・8 キンギョの腹壁から排出されるマクロ
ファージ
キンギョの腹腔内に注射したカーボン粒を取り
込んだマクロファージ（矢印）は，腹部皮膚の
表面から体外へ排除される．注射後8日目の走
査電顕像．

キンギョでは，腹腔内に注射したカーボン粒が，注射部位とは離れた胸鰭付近の腹壁から排出される．注射されたカーボン粒は，マクロファージに取り込まれ，注射後5日をピークにして10日前後の間にマクロファージとともに，腹壁の表皮を通過して体外へ排除される現象が観察されている（図7・7，7・8）．

以上のように，硬骨魚類は食細胞や脾臓，腎臓を中心とした，食作用や包囲化による異物の隔離と排除に加えて，心臓による血中異物の除去および角化していない皮膚を利用した体外への異物の排除など，効果的に生体の防御を行っていると思われる．

文　献

1） 黒澤良和：免疫系進化における V（D）J DNA 組換え機構の出現．医学のあゆみ，200, 330-333（2001）.

2） Ellis, A. E. : The leucocytes of fish : A review. J. Fish Biol., 11, 453-491(1977).

3） 渡辺　翼：魚類の食細胞系の特徴と防御機能．動物の血液細胞と生体防御，菜根出版，pp.157-178（1997）.

4） 中村弘明：メダカの腹腔白血球における細胞化学的研究．東京歯科大学教養系研究紀要, 15, 17-26（1999）.

5） C. Agius : The melano-macrophage centres of fish : A review. In Fish Immunology (ed. by Manning, M. J. and Tatner, M. F.) Academic Press, London, pp.85-105 (1985).

6） T. Furukawa, et al : Entrapment and transport of foreign material in the spleen and kidney of Japanese conger Conger myriaster. Fisheries Sci., 68, 1219-1225 (2002).

7） A. G. Zapata, et al. : Cells and tissues of the immune system of fish. In : The Fish Immune System, Organism, Pathogen, and Environment（ed. by Iwama, G. and Nakanishi T.）. Academic Press, San Diego, pp.1-62（1996）.

8） 矢野友紀：魚類の生体防御．生物生産と生体防御（緒方靖哉他編），コロナ社, pp.172-254（1995）.

9） H. Nakamura, and A. Shimozawa : Phagocytotic cells in the fish heart. Arch. Histol. Cytol., 57, 415-425（1994）.

10） H. W. Ferguson : The relationship between

ellipsoids and melano-macrophage centres in the spleen of turbot (*Scophthalmus maximus*). *J. Comp. Pathol.*, **86**, 377-380 (1976).

11) H. Nakamura, *et al.* : *In vivo* response to administered carbon particles in the teleost, *Oryzias latipes. Dokkyo J. Med. Sci.*, **19**, 11-18 (1992).

12) I. L . Leknes : Endocytosis of ferritin and hemoglobin by the trabecular endocardium in swordtail, *Xiphophorus helleri* L. and platy, *Xiphophorus maculatus* L. (Poecilidae : Teleostei). *Ann.Anat.*, **183**, 251-254 (2001).

13) C. H. J. Lamers and H. K. Parmentier : The fate of intraperitoneally injected carbon particles in cyprinid fish. *Cell Tissue Res.*, **242**, 499-503 (1985).

14) E. Sakano and H. Fujita : Comparative aspects on the fine structure of the teleost liver. *Okajima Folia Anat.Jpn.*, **58**, 501-520 (1982).

Ⅳ. 免疫系の遺伝子

8. 主要組織適合遺伝子複合体（MHC）

中西照幸[*1]・J. M. Dijkstra[*2]
桐生郁也[*2]・乙竹　充[*2]

　主要組織適合遺伝子複合体（MHC）分子には，構造的にも機能的にも異なる 2 つのクラスが存在する．クラスⅠ分子は殆どすべての有核細胞に発現しており，自己タンパク質，ウイルスタンパク質などに由来する主として細胞内で合成されたペプチドを結合し，CD8 陽性の細胞障害性Ｔ細胞に提示する．一方，クラスⅡ分子はマクロファージや B 細胞など一部の免疫細胞に限って発現しており，外来のタンパク質抗原由来のペプチドを結合して，CD4 陽性の T 細胞（主にヘルパー T 細胞）に提示する機能を有する．クラスⅠは，$\alpha1$，$\alpha2$ および $\alpha3$ の 3 つの細胞外領域からなる分子量 45 K の α 鎖と分子量 12 K の $\beta2$ ミクログロブリン（$\beta2$ m）の結合した糖タンパク質で，$\alpha1$，$\alpha2$ 領域が抗原の結合に関与し，著しい多型が存在する．一方，クラスⅡは，それぞれの 2つの細胞外領域からなる分子量 30〜34 K の α 鎖と分子量 26〜29 K の β 鎖から構成されている．α，β 鎖は，それぞれ $\alpha1$，$\alpha2$ と $\beta1$，$\beta2$ のドメイン構造を有し，細胞膜から離れた部位の $\alpha1$，$\beta1$ 領域が抗原と結合し多型性に富む．クラスⅠ α 鎖遺伝子は，リーダーペプチド（L），$\alpha1$，$\alpha2$，$\alpha3$ の各ドメイン，膜貫通部位（TM）および 3 つの細胞内領域（CY）をそれぞれコードする 8 つのエクソンより成っており，これらのエクソンは 7 つのイントロンにより結ばれている．$\beta2$ m は，ヒトでは第 15 染色体上にあり，4 つのエクソンより構成されている．一方，クラスⅡ遺伝子については，α 鎖は 4 つのイントロンにより分断された 5 個のエクソンから，β 鎖は 5 つのイントロンにより分断された 6 個のエクソンより成っている．魚類においては，これらのエク

[*1] 日本大学生物資源科学部
[*2] 独立行政法人　水産総合研究センター　養殖研究所病理部

ソンを結ぶイントロンの長さは多くの場合 1 kb 以下で哺乳類に比べ短い傾向が認められる[1].

　魚類の MHC については，筆者らのグループが PCR 法によりコイの MHC クラス I およびⅡ遺伝子の単離に成功して以来[2]，これまでに 30 種以上の硬骨魚および軟骨魚から，クラス I α鎖，クラスⅡα鎖，β鎖およびβ2 m をコードする遺伝子が単離されている[1,3]．これら魚類の MHC 遺伝子の構造は高等脊椎動物と基本的に同じで，例えばクラス I については，抗原ペプチドと結合するα1，α2 領域は多型性に富みα3 領域は比較的保存性が高い．また，抗原ペプチドと相互作用する部位，CD8，β2 m や糖鎖との結合部位などのアミノ酸がよく保存されている．当初，MHC は同種移植片の急性拒絶を示す動物群においてのみ存在すると予想されたが，慢性拒絶しか示さない軟骨魚類のレベルにおいても存在することから[4]，移植片拒絶の早さとは関係が無いことが明らかとなった．なお，円口類や無脊椎動物からは免疫グロブリンや T 細胞レセプターと同様に今のところその存在は報告されていない．

§1.　魚類の MHC 遺伝子の染色体上における構成

　クラス I，クラスⅡ分子いずれもヒトでは第 6 染色体，マウスでは第 17 染色体の短腕部の限られた領域に位置し，これらの MHC 領域には C2，C4，B 因子などの補体遺伝子やストレスタンパク（HSP70），腫瘍壊死因子（TNF）などが位置するクラスⅢ領域が存在する．また，LMP2，LMP7 などの細胞内タンパク質を分解し抗原ペプチドの産生に働く遺伝子や TAP1，TAP2 などの抗原ペプチドの小胞体内部への輸送に関与する遺伝子など免疫応答に関与する多くの遺伝子が連鎖している．同様な構造は両棲類や鳥類においても報告されており，一部の遺伝子の位置は多少異なるものの，基本的にはクラス I，ⅡおよびⅢの 3 つの領域より構成されている．一方，硬骨魚類の場合他の脊椎動物とは異なり，クラス I，クラスⅡおよび補体遺伝子における連鎖がみられず，複合体を形成していないことが最近の研究から明らかとなっている（図 8・1，メダカ[5]；ゼブラフィッシュ[6]；ニジマス[7]）．また，クラスⅡについては，2 つのリンケージグループに分かれたり（ゼブラフィッシュ[6]），お互いにリンクしていない 2 つ（プラティフィッシュ[8]；イトヨ[9]）あるいは 10 以上（シク

リッド[10]) の遺伝子が見つかっている．さらに，ヒトやマウスではクラスⅠ抗原提示に関わる LMP や TAP 遺伝子はクラスⅡ領域に存在するが，メダカ，ゼブラフィッシュおよびニジマスにおいては，これらの遺伝子はクラスⅠ遺伝子に近接して存在している．両棲類や鳥類においても同様な遺伝子構成となっている．こうしたことから，クラスⅠ抗原提示に関わる LMP や TAP 遺伝子はクラスⅠ領域に存在するのが基本型であり，哺乳類のゲノム構造はむしろ派生的であると考えられている[11]．このように，魚類とりわけ硬骨魚類においては，MHC は複合体を形成していないことが明らかになっているが，興味深いことに，ごく最近軟骨魚類においてはクラスⅠとクラスⅡ遺伝子が同一の染色体上で連鎖しており[12]，さらには C4 や Bf などの補体成分が MHC と連鎖していることが明らかとなっている（Ohta *et al.*私信）．このように MHC の構成をみると，硬骨魚類は著しい適応放散を遂げ，他の脊椎動物とはかなり異なる特化したグループを形成しているが，軟骨魚類は，両棲類から哺乳類にいたる陸上動物に繋がるグループに位置していると考えられる．

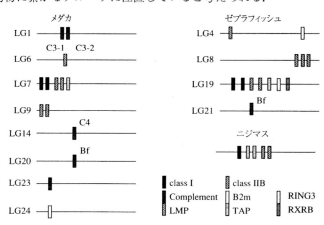

図 8・1　硬骨魚類における MHC の構造
(Naruse *et al.* (2000)，野中・松尾 (2000) より一部改変)

§2. 魚類における MHC クラスⅠ遺伝子の多型性

　クラスⅠ遺伝子には，抗原提示機能を有し，全ての有核細胞で発現し，かつ多型性に富む古典的クラスⅠ（Classical class I）と呼ばれるものと，特定の細

胞にのみ発現し，多型性の少ない非古典的クラスⅠ（Non-classical classⅠ）と呼ばれるものがある．前者については，ヒトやマウスでは遺伝子座の数が 2 ないし 3 と少ないが，後者については多数存在することが知られている．後者の機能については，哺乳類においても未だよく知られていない．筆者らはコイ科魚類を用いたサザン・ハイブリダイゼーション分析により，クラスⅠ遺伝子が魚類においても多数存在していることを明らかにしており[13]，非古典的クラスⅠ遺伝子や発現していない偽遺伝子の存在は魚類においても報告されている[14]．したがって，対立遺伝子に基づく多型性を論じるためには，古典的クラスⅠの遺伝子座を同定する必要がある．

　そこで，まず，ドチザメの親子を用いたクラスⅠ遺伝子の多型性の解析において，2つの古典的クラスⅠの遺伝子座を同定し，3’の非翻訳領域にある座特異的配列に基づいて対立遺伝子を比較し，軟骨魚類のレベルでも MHC 遺伝子が極めて多型的であることを見出した[15]．すなわち，ドチザメの古典的クラスⅠには A，B 2 つの座があり，A 座については 41 個体より 29 の対立遺伝子が見つかり，同一の塩基配列をもつものはただ 1 つであった．さらに興味深いことに，それぞれの対立遺伝子が互いに特定の塩基配列を共有し，モザイク様になっていることである（図 8・2）．しかも，A 座の対立遺伝子間のみでなく，A，B 座間についても特異的なアミノ酸配列の共有がみられる．このことは，サメの MHC クラスⅠ遺伝子の多様性は，対立遺伝子間あるいは遺伝子座間における著しい組み換えにより生み出されていることを示している．ヒトやマウスでは，主に，核酸レベルでの置換，欠失，挿入などの突然変異により MHC の多様性を作り出していることと比べるとずいぶん異なっていることが判った．

　硬骨魚類の MHC クラスⅠ遺伝子についても高い変異性が認められることが多くの魚類において報告されているが，$\alpha 1$ および $\alpha 2$ 領域などの一部のシークエンスを調べたものがほとんどであり，これらの変異が異なった遺伝子座に由来する遺伝子の変異なのか，あるいは対立遺伝子多型によるものか不明であった．

　そこで筆者らは，長野県水産試験場において第一卵割阻止型雌性発生法により作出されたホモ接合体クローンニジマス 5 尾および野生型ニジマス 9 尾を用いて，古典的クラスⅠ遺伝子に関わる遺伝子座の同定を行った．まず，抗原ペ

プチドとの相互作用に関与するアミノ酸が保存され，ほとんどの組織で発現し多型性を示すという古典的クラスⅠ遺伝子の特徴を備えた対立遺伝子特異的なプローブを作成し，Southern Blot 分析を行なった結果，1 尾当たりホモ接合体クローン魚では1 本，野生型では2 本のバンドしか検出されなかった．また，ホモ接合体クローン魚においては，1 つの遺伝子座の対立遺伝子は1 つしか発現しないと予測されるが，確かに Northern Blot や RT-PCR による解析では，1 つのバンドしか検出できなかった．このことは，古典的クラスⅠ遺伝子の遺伝子座はニジマスでは1 つであることを示している．

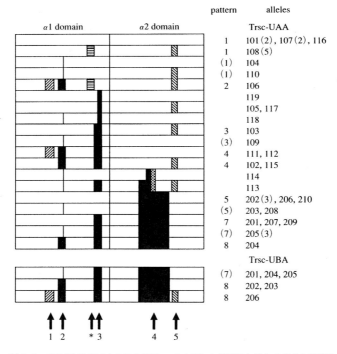

図8・2　ドチザメMHCクラスⅠ分子 α1および α2 領域におけるモザイク様構造
右側の数字は，対立遺伝子の名称，Trsc-UAA，Trsc-UBAは遺伝子座を示す．
下部の矢印の下の数字は，特徴的なアミノ酸配列の番号を示す．Okamura *et al.*
（1997）より一部改変.

　次に，これらホモ接合体クローンおよび野生型ニジマスを用いて対立遺伝子多型の解析を進めた．その結果，22 個の遺伝子より 10 種類の対立遺伝子が検

出され，後に述べる特徴により 4 つの系列（lineage：Sal-MHCIa*A-D）に分類することができた．また，これら対立遺伝子間に特徴的な配列が共有されており，通常の突然変異に加えて，ドチザメと同様に対立遺伝子間における組み換えによりクラス I 遺伝子の多様性を産み出していることが明らかとなった[16]．興味深いことは，ニジマスのクラス I 遺伝子にはコイ科魚類や他のサケ科魚類の配列が含まれていることである．Hansenら[17]は，ニジマスクラス I 遺伝子のα2領域が他のサケ科魚類よりもむしろコイ科魚類に高い相同性を示すことを報告しているが，筆者らは Hansen らが報告した対立遺伝子以外にもα2領域が他のサケ科魚類に高い相同性をもつ対立遺伝子を見出している．詳しく解析してみると，α2領域だけでなくα1領域においてもコイやゼブラフィッシュなどのコイ科魚類の配列が認められる．さらに，通常多型性を示さないα3領域，膜貫通・細胞内領域および 3' 非翻訳領域において特徴的な変異が認められた．特に，α3領域の末端部の配列にはカラフトマス，ブラウンマス，大西洋サケなど他のサケ科魚類の配列が含まれていた（図8・3）．こうした現象は，"trans-species polymorphism" として哺乳類やゼブラフィッシュにおける抗原結合部位のα1，α2領域において報告されているが，多型性を示さない定

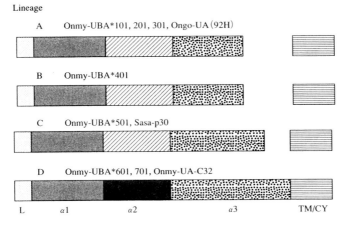

図8・3　代表的なニジマスMHCクラス I 対立遺伝子の模式構造
Onmy-UBA, Onmy-UA-C32：ニジマス MHC クラス I 遺伝子, Ongo-UA：カラフトマス MHC クラス I 遺伝子, Sasa-p30：大西洋サケ MHC クラス I 遺伝子

常領域の α3 領域における例は初めてである.

　ニジマス MHC クラス I 遺伝子にコイ科魚類の配列が含まれているということは，これらの遺伝子はサケ科魚類とコイ科魚類が分化する以前に存在していたことを示唆している．同様に， α3 領域の末端部の配列に他のサケ科魚類の配列が含まれることについても，これらの遺伝子はサケ科魚類がそれぞれの種に分化する以前に存在したことを示している． α1， α2 領域にみられるモザイク様の組み合わせは，"domain shuffling" によるドメイン（領域）間の混合・置換により形成されたものであり，ニジマスのクラス I 遺伝子の多型性は，こうしたメカニズムにより生み出されたものと考えられる.

§3．MHCクラス I 遺伝子の多型性を利用したニジマスの系統解析

　ニジマスは本来アメリカ大陸の西岸に分布しているサケ科魚類で，わが国へは明治の初期以来数回にわたって移植された．養殖研究所日光支所には，代表的な系統が少なくとも 5 つ以上保存されている．MHC クラス I 遺伝子の多型を利用した集団構造の解析は，ヒト [18]，ウマ [19]，ウシ [20] などで有効な手法として用いられており，筆者らは，疾病抵抗性品種の作出など優良品種育成のための基礎資料を得るべく，わが国におけるニジマス集団の構造解析を進めている．養殖研究所日光支所において飼育されている 2 つのニジマスの系統（日光系統およびドナルドソン系統）それぞれ 30 尾について系列特異的なプライマーを作成し RT-PCR 法による解析を試みたところ大変興味深い結果が得られた [21]．すなわち，対立遺伝子 Sal-MHCIa*A および *E は日光系統に認められるがドナルドソン系統には存在せず，逆に，Sal-MHCIa*C はドナルドソン系統のみに存在する（図 8・4）．このように，わが国に導入された代表的な系統に特徴的な対立遺伝子が認められたことから，今後，わが国におけるニジマス集団の構造解析に役立つものと期待される．また，他の系統の解析においても系統特異的なクラス I 遺伝子の系列が存在することが予想される．なお，60 尾のニジマスより 41 のシークエンスが得られ，そのうち 25 個の RT-PCR 産物について詳細に解析したところ新たに 2 つの系列が見出され，Sal-MHCIa*E および *F と命名された [21]．ニジマスのクラス I 遺伝子の対立遺伝子は現在筆者らの解析では 6 つの系列が見つかっているが，海外における研究も含めると現在

11 の系列が判明している．

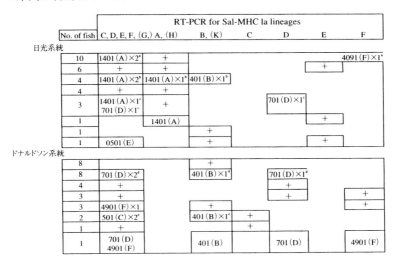

	RT-PCR for Sal-MHC Ia lineages					
No. of fish	C, D, E, F, (G), A, (H)	B, (K)	C	D	E	F
日光系統						
10	1401(A)×2[a]	+				4091(F)×1[a]
6	+	+			+	
4	1401(A)×2[b]	1401(A)×1[b]	401(B)×1[b]			
4	+	+				
3	1401(A)×1[c] 701(D)×1[c]	+		701(D)×1[c]		
1		1401(A)			+	
1		+				
1	0501(E)					
ドナルドソン系統						
8		+				
8	701(D)×2[d]	401(B)×1[d]		701(D)×1[d]		
4	+	+				
3	+			+		+
3	4901(F)×1					+
2	501(C)×2[e]	401(B)×1[e]	+			
1		+				
1	701(D) 4901(F)	401(B)		701(D)		4901(F)

図 8・4　ニジマス 2 系統における MHC クラス I 対立遺伝子の解析
A-F は対立遺伝子の各系列（lineage），＋は RT-PCR によりバンドが検出されたこと
を示す．左端の数字は同じ PCR パターンを示した魚の数を表す．501 などの数字は，
シークエンス解析を行い同定した対立遺伝子の名前，括弧内は系列名を示す．

§4．MHC クラス I 遺伝子の発現および機能

4・1　ニジマスクラス I 遺伝子の発現

　ヒトにおいては，古典的 MHC クラス I 遺伝子は赤血球を除く全ての細胞で発現していることが知られている．$\alpha 2$ 領域をプローブとしクローンニジマスを用いたノーザンブロットによる解析においては，筋肉や肝臓には mRNA の発現は殆ど認められなかったが，腎臓，脾臓，脳，心臓，生殖腺において発現が認められ，特に鰓や腸に強い発現が認められた[16]．組み換えニジマス MHC I に対するモノクローナル抗体を用いた解析においても，内皮細胞，上皮細胞およびリンパ系の細胞に強い発現が認められ，赤血球を含む全ての有核細胞で MHC I 分子が発現していることが明らかとなった[22]．このことは魚類の赤血球が有核であることと関連しており，同様なことは鳥類や両生類においても報告されている．しかし，赤血球における発現量は他の白血球に比べかなり低い

ようである．また，MHCクラスⅠおよびⅡ遺伝子の発現がワクチンの投与により増加することが報告されている[23, 24]．筆者らも IHNV に感染させた RTG-2 細胞において MHC クラスⅠ遺伝子および $\beta 2$ m 遺伝子の発現が著しく増強することを観察している（図8・5）．

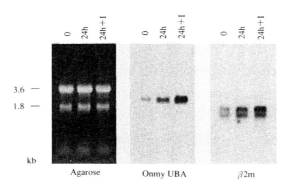

図8・5 IHN ウイルスに感染させた RTG-2 細胞における MHC クラスⅠおよび $\beta 2$ ミクログロブリン遺伝子の発現増強（ノーザンブロットによる解析）
左端は，RNA のアガロース電気泳動図で，それぞれ等量の RNA をテンプレートに用いたことを示す．0：培養前，24h：24 時間培養後，24h＋I：ウイルス感染後 24 時間培養

4・2 ドチザメクラスⅠ遺伝子の機能

ドチザメは胎生魚で，初夏の頃にはメスの成魚は 15～20 尾の子供を宿している．これら 1 尾の母親に由来する一腹子を用いて皮膚移植実験を行ったところ，1 つの MHC クラスⅠ対立遺伝子あるいは 2 つの対立遺伝子がいずれも異なる個体同士で皮膚移植を行った場合 1ヶ月後には移植片は完全に拒絶されるが，同一の遺伝子型をもつ個体間では 1ヶ月後には拒絶の兆候は全く認められず，拒絶には 2ヶ月要することを見出した[25]（図8・6）．このことはドチザメの MHCクラスⅠ遺伝子座（Trsc-UAA）の対立遺伝子がアロ抗原として認識されていること，すなわち機能している遺伝子であることを示している．但し，同一の遺伝子型をもつ個体間においても 2ヶ月後には拒絶が起こることから，これらの遺伝子以外にも拒絶に関与する遺伝子が存在することが示唆される．恐らく，今回の組み合わせでは Trsc-UAA 遺伝子座の対立遺伝子のみしか注

目しておらず，もう一つの MHC クラス I 遺伝子座である Trsc-UBA 遺伝子座あるいはクラス II 遺伝子座の対立遺伝子について異なっていた可能性がある．今後，この点について詳しく検討する必要がある．なお，タップミンノーにおいてクラス II 遺伝子と移植片拒絶との関係を調べた研究においては，共有される対立遺伝子の数が多いほど拒絶が遅れることが報告されている[26]．一方，今回のドチザメの皮膚移植実験においては，MHCクラス I 対立遺伝子が 1 つのみ異なる組み合わせと 2 つとも異なる組み合わせにおいて拒絶期間に差異が認められなかった．こうした相違がクラス I とクラス II の移植片拒絶に及ぼす影響の違いによるものか，あるいは硬骨魚類と軟骨魚類の拒絶メカニズムの相違によるものか，については不明である．

MHCクラス I が一致している個体間での移植

MHCクラス I が一致していない個体間での移植

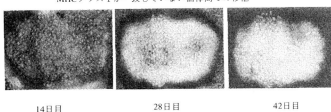

14日目　　　　　　　28日目　　　　　　　42日目

図8・6　ドチザメにおける MHC クラス I 対立遺伝子の異同と皮膚移植片拒絶との関係
上段は，2 つの MHC クラス I 対立遺伝子が全く一致する個体間における皮膚移植例，下段は，1 つまたは 2 つの MHCクラス I 対立遺伝子が異なる個体間における皮膚移植例

4・3　細胞障害活性における MHC 拘束性

哺乳類において，ナチュラルキラー（NK）細胞がウイルス感染の初期防御において重要な役割を果たし，ウイルスの再感染に対する防御においては CD8 陽性の細胞障害性 T 細胞（CTL）が必須の役割を演じていることが知られてい

る．しかし，CTL によるウイルス感染細胞に対する細胞障害活性は，同一の MHC クラス I 対立遺伝子を共有する細胞にしか認められない．これを MHC クラス I 拘束性という．筆者らのグループにおいて，クローンのギンブナとそれに由来する株化細胞を用いて，ギンブナ造血器壊死症ウイルス（CHNV）感染細胞に対する CTL 活性について検討したところ，CHNV により予め感作したギンブナより採取したリンパ球は，他の系統のクローンギンブナに由来する株化細胞に対しては細胞障害活性を示さず，同系の株化細胞に対してのみ細胞障害活性を示すことを見出した[27]．このことは，ギンブナにおける CTL 活性において MHC 拘束性の存在が予想されるが，MHC クラス I が関与しているかどうかについての直接的な証明はされていない．

　一方，ニジマス MHC クラス I の多型性の解析を進めていく中で，たまたまホモ接合体クローンニジマス（C25 クローン）とニジマス細胞株（RTG-2）が同じ MHC クラス I 対立遺伝子（Onmy-UBA*501）を共有することを見出した．そこで，魚類においてもウイルス感染細胞に対する細胞障害活性に MHC クラス I 拘束性が認められるかどうかについて検討した．まずリンパ球を採取するドナーとなる C25 クローンニジマスに対して，伝染性造血器壊死症ウイルス（IHNV）の主要な感染防御抗原と考えられている G タンパクをコードする遺伝子を含むプラスミド DNA を筋肉内に 1 ヶ月おきに 2 回注射して感作した．最終感作より 10 日目にリンパ球を採取し IHNV に感染した標的細胞と混合したところ，異なった MHC クラス I 対立遺伝子（Onmy-UBA*101）をもつニジマス細胞株（RTE）に対しては障害活性は認められず，RTG-2 細胞のみを傷害した[28]．もちろん，ウイルスに感染していない細胞に対して細胞障害活性は認められなかった．以上のことから，筆者らが古典的クラス I 遺伝子として単離したニジマスの MHC クラス I 遺伝子は，哺乳類と同様に MHC 拘束性に関与していることが示された．

§5．最後に

　MHC における特定の遺伝子型と，感染症に対する抵抗性あるいは感受性との間に強い相関があることが哺乳類や鳥類において知られており，MHC 遺伝子の多型性の解析は疾病抵抗性魚種の開発に資することも期待できる．また，

MHC は極めて多型性に富むことから，個体群あるいは個体のマーカーとして系群の解析に利用することが期待される．これまでにも，アフリカのマラウイ湖におけるシクリッド科に属する淡水魚の種分化の解析例が報告されている[29]．ミトコンドリア DNA やマイクロサテライトなどの多型性を用いた解析と MHC を用いたそれとの違いは，個体群の動態や分布が寄生虫などの疾病に対する抵抗性や感受性などとの関連において論議できる点にある．

文　献

1) M. J. Manning and T. Nakanishi : The specific immune system : Cellular defenses. In : Iwama GK, Nakanishi T, editors. Fish Physiology XV, The Fish Immune System. London: Academic Press, pp.159-205 (1996).

2) K. Hashimoto, T. Nakanishi, and Y. Kurosawa : Isolation of carp genes encoding major histocompatibility complex antigens. *Proc. Natl. Acad. Sci. USA*, 87, 6863-6867 (1990).

3) R. J. M. Stet, B. Dixon, S. H. M. van Erp, M.-J.C. van Lierop, P.N.S. Rodrigues, and E. Egberts : Interference of structure and function of fish major histocompatibility complex (MHC) molecules from expressed genes. *Fish & Shellfish Immunol.*, 6, 305-18 (1996).

4) K. Hashimoto, T. Nakanishi, and Y. Kurosawa : Identification of a shark sequence resembling the major histocompatibility complex class I α 3 domain. *Proc. Natl. Acad. Sci. USA*, 89, 2209-2212 (1992).

5) K. Naruse, A. Shima, and M. Nonaka : MHC gene organization of the bony fish, medaka. In : Major Histocompatibility Complex, evolution, structure, and function (ed. by M. Kasahara), Springer-Verlag, pp.91-109 (2000).

6) J. Bingulac-Popovic, F. Figueroa, A. Sato, W.S. Talbot, S.L. Johnson, M. Gates, J. H. Postlethwait, and J. Klein : Mapping of mhc class I and class II regions to different linkage groups in the zebrafish, Danio rerio. *Immunogenetics*, 46, 129-34 (1997).

7) J. D. Hansen, P. Strassburger, G. H. Thorgaard, W. P. Young, and L. Du Pasquier : Expression, linkage, and polymorphism of MHC-related genes in rainbow trout, *Oncorhynchus mykiss. J Immunol.*, 163, 774-86 (1999).

8) T. J. McConnell, U. B. Godwin, S. F. Norton, R. S. Nairn, S. Kazianis, and D. C. Morizot : Identification and mapping of two divergent, unlinked major histocompatibility complex class II B genes in Xiphophorus fishes. *Genetics*, 149, 1921-34 (1998).

9) A. Sato, F. Figueroa, B.W. Murray, E. Malaga-Trillo, Z. Zaleska-Rutczynska, H. Sultmann, S. Toyosawa, C. Wedekind, N. Steck, and J. Klein : Nonlinkage of major histocompatibility complex class I and class II loci in bony fishes. *Immunogenetics*. 51, 108-16 (2000).

10) E. Malaga-Trillo, Z. Zaleska-Rutczynska, B. McAndrew, V. Vincek, F. Figueroa, H. Sultmann, and J. Klein : Linkage relationships and haplotype polymorphism among cichlid Mhc class II B loci. *Genetics*,

11) 野中　勝・松尾　恵：硬骨魚類ゲノムにたどる MHC の進化の道筋，蛋白質核酸，酵素，**145**，2918-2923（2000）.

12) Y. Ohta, K. Okamura, E. C. McKinney, S. Bartl, K. Hashimoto, and M. F. Flajnik : Primitive synteny of vertebrate major histocompatibility complex class I and class II genes. *Proc Natl Acad Sci USA*, **97**, 4712-4717（2000）.

13) K. Okamura, T. Nakanishi, Y. Kurosawa, and K. Hashimoto : Expansion of genes that encode MHC class I molecules in cyprinid fishes. *J. Immunology*, **151**, 188-200（1993）.

14) K. Hashimoto, K. Okamura, H. Yamaguchi, M. Ototake, T. Nakanishi, and Y. Kurosawa: Conservation and diversification of MHC class I and its related molecules in vertebrates. *Immunological Review*, **167**, 81-100（1999）.

15) K. Okamura, M. Ototake, T. Nakanishi, Y. Kurowasa, and K. Hashimoto : The most primitive vertebrates with jaws possess highly polymorphic MHC class I genes comparable to those of humans. Immunity, **7**, 777-790（1997）.

16) K. Aoyagi, J. M. Dijkstra, C. Xia, I. Denda, M. Ototake, K Hashimoto, and T. Nakanishi : Classical MHC class I genes composed of highly divergent sequence lineages share a single locus in rainbow trout（*Oncorhynchus mykiss*）. *J. Immunol.*, **168**, 260-273（2002）.

17) J. D. Hansen, P. Strassburger, and L. Du Pasquier : Conservation of an alpha 2 domain within the teleostean world, MHC class I from the rainbow trout *Oncorhynchus mykiss. Develop. Comp. Immunol.*, **20**, 417-425（1996）.

18) Parham and Ohta : Population biology of antigen presentation by MHC class I molecules. *Science*, **272**, 67-74（1996）.

19) P. Horin, E. G. Cothran, K. Trtkova, E. Marti, V.Glasnak, P.Henney, M.Vyskocil, and S. Lazary: Polymorphism of old Kladruber horses, a surviving but endangered baroque breed. *Euro. J. Immunogenetics*, **25**, 357-363（1998）.

20) S. A. Ellis, E. C. Holmes, K. A. Staines, K.B. Smith, M. J. Stear, D. J. McKeever, N. D. MacHugh, and W. I. Morrison : Variation in the number of expressed MHC genes in different cattle class I haplotypes. *Immunogenetics*, **50**, 319-328（1999）.

21) C. Xia, Kiryu, I., J. M. Dijkstra, T. Azuma, T. Nakanishi, and M. Ototake : Differences in MHC class I between strains of rainbow trout（*Oncorhynchus mykiss*）. *Fish & Shellfish Immunol.*, **12**, 287-301（2002）.

22) J. M. Dijkstra, B. Kollner, K. Aoyagi, I. Denda, A. Kuroda, M. Ototake, K. Hashimoto, T. Nakanishi, and U. Fischer : The rainbow trout classical MHC class I molecule Onmy-UBA*501 is expressed in similar cell types as mammalian classical MHC class I molecules. *Fish & Shellfish Immunol.*, **14**, 1-23（2003）.

23) E. O. Koppang, M. Lundin, C. McL Press, K. Rønningen, and Ø. Lie: Differing levels of MHC class II β chain expression in a range of tissues from vaccinated and non-vaccinated Atlantic salmon（*Salmo salar* L.）. *Fish & Shellfish Immunol.*, **8**, 183-196（1998）.

24) E. O. Koppang, C. McL. Press, K. Rønningen, and Ø. Lie : Expression of MHC class I mRNA in tissues from vaccinated and non-vaccinated Atlantic salmon（*Salmo salar* L.）. *Fish & Shellfish Immunol.*, **8**, 577-587（1998）.

25) M. Ototake, K. Okamura, K. Hashimoto,

and T. Nakanishi : The function of the most primitive MHC class I. *Dev Comp Immunol.*, 24（Suppl 1）: S79（2000）.

26）T. N. Cardwell, R. J. Sheffer, and P. W. Hedrick : MHC variation and tissue transplantation in fish. *J Hered.*, 92, 305-308（2001）.

27）T. Somamoto, T. Nakanishi, and N. Okamoto : An in vitro and in vivo roles of specific cell-mediated cytotoxicity in protecting fish from viral infections. *Virology*, 297, 120-127（2002）.

28）T. Nakanishi, U. Fischer, J. M Dijkstra, and M. Ototake : MHC-restricted cell-mediated cytotoxicity in fish. *Fisheries Science*, 68, Supple.（in press）（2002）.

29）D. Klein, H. Ono, C. O'hUigin, V. Vincek, T. Goldschmidt, and J. Klein : Extensive MHC variability in cichlid fishes of Lake Malawi. *Nature.*, 364, 330-334（1993）.

9. cDNAサブトラクションを利用した
コイ生体防御関連遺伝子の同定

中尾実樹*・矢野友紀*

　近年のタンパク質・遺伝子レベルでの解析により，硬骨魚類の生体防御機構は哺乳類のそれに匹敵する程に高度な自然免疫と獲得免疫を備えていることが明らかになりつつあるが，その全容を分子レベルで解明するためには，生体防御関連遺伝子のさらなるクローニングが必要である．これまでに，哺乳類で既知の配列情報を利用した PCR などによって，免疫グロブリン，補体成分，主要組織適合性抗原などの遺伝子がクローニングされてきたが，このようなホモロジークローニングでは単離できない遺伝子が多く残されている．近年広く行われるようになった Expressed Sequence Tags（EST）解析は，ある組織で発現している mRNA の配列を網羅的に（片っ端から）読み進めるもので，ホモロジークローニングに必要な配列情報が得られなくても，興味ある遺伝子に出会う可能性がある．特に，目的の遺伝子の発現量を上昇させるような適切な刺激を与えた組織を用いた EST 解析は，硬骨魚類の生体防御関連遺伝子の同定に有効に活用されつつある[1, 2]．一方，cDNA サブトラクション（2 つの cDNA 混合物間で差引をおこない，その差分として残った cDNA を得る方法）は，何らかの刺激（病原体の感染など）を受けた組織で特異的に発現している遺伝子を同定するためには，EST よりも効率的であると期待される．本稿では，筆者らの研究室において，コイの生体防御関連遺伝子，特に免疫強化物質の投与によって発現が上昇する遺伝子を，cDNA サブトラクション法によって解析した結果を概説する．

§1. 免疫強化剤投与によって発現が刺激される遺伝子の探索

　筆者らの研究室では，スクレログルカン（SG，担子菌由来の β-1, 3-グルカン）やアルギン酸ナトリウム（SA，褐藻由来の粘質多糖）が硬骨魚類の細菌

* 九州大学大学院農学研究科

感染に対して防御効果を示すことを明らかにした[3, 4]．それらの作用機序を調べたところ，SG は補体第二経路を活性化するとともに頭腎食細胞の貪食活性を向上させること[3]，一方 SA は，頭腎食細胞を投与部位（腹腔）へ強力に遊走させることが判明した[4]．すなわち，これらの免疫強化物質は自然免疫機構（非特異的生体防御機構）を刺激することによって，硬骨魚類に感染防御能を賦与したと考えられる．しかしながら，硬骨魚類の自然免疫に関与する分子や細胞に関する知見が乏しいために，これら免疫強化物質の作用機序については不明な点が多かった．そこで，筆者らは SG と SA の免疫強化作用に関与する分子を同定するために，これらの腹腔内投与によって発現が上昇する遺伝子の探索を，Suppression Subtractive Hybridization（SSH）法によって試みた．SSH 法は cDNA サブトラクション法の一種で[5]，PCR を利用することによって微量の mRNA を用いて解析を行うことができる．また，必要な試薬もキットとして市販されている（PCR select cDNA subtraction kit, Clontech）．

　まず，コイの腹腔内に SA を接種し，3，6，12，24，48 時間後に頭腎および腹腔滲出細胞を採取して mRNA を精製し，これから 2 本鎖 cDNA を合成した（Tester cDNA）．一方，無投与のコイの頭腎からも同様に 2 本鎖 cDNA を合成した（Driver cDNA）．両 cDNA を制限酵素 Rsa I で消化後，Tester cDNA にのみ特殊なアダプターを付加し，Tester cDNA と Driver cDNA をハイブリダイズさせた．次いでアダプターにアニールするプライマーを用いて PCR を行い，Driver cDNA とハイブリダイズしなかった（すなわち SA 投与魚にユニークな）cDNA 断片を増幅した．増幅産物をアガロースゲル電気泳動でサイズ分画し，S（190～600 bp），M（600～800 bp），L（800～1700 bp）の 3 画分に大別後，それぞれをプラスミドベクターにサブクローニングし，得られた数百クローンの塩基配列を決定した[6]．

　さらにこの方法を，SA と SG を同時に腹腔内投与したコイ，および古典的な炎症誘発剤であるテルペン油の腹腔内投与によって刺激したコイにも応用し，これらの刺激から 48 時間以内に発現が上昇する遺伝子の同定を試みた[7, 8]．

　表 9・1に，これまで筆者らの研究室で行われた一連の SSH 実験によって同定された，免疫関連遺伝子の cDNA 断片を示す．これらのうち多くは，魚類で初めて同定されたものである．

表9·1　SSH 法によって同定されたコイの生体防御関連遺伝子

クローン	相同遺伝子	文献
s-63	Pre-B-cell enhancing factor	6
s-84	Monocyte chemotactic protein-2	6
l-68	Allograft inflammatory factor-1	6
l-128	Natural killer enhancing factor A	6
m-135	SDF-1 receptor（CXCR-4）	6
l-2	High-affinity interleukin-8 receptor B（CXCR2）	6
l-56	High-affinity interleukin-8 receptor A（CXCR1）	6
m-95	Metalloproteinase inhibitor 2	6
m-124	Type IV collagenase	6
l-29	Fibronectin	6
l-101	Vitronectin receptor alpha subunit	6
s-69	S100 protein alpha chain	6
m-3	Calcium-binding protein P22	6
m-34	Calmodulin	6
l-4	Grancalcin	6
l-38	Calcium-dependent protease, small subunit	6
s-4	Dipeptidyl-peptidase I	6
s-88	GlcNac 6-sulfatase	6
m-125	Cathepsin L	6
m-126	Proactivator polypeptide]	6
m-131	Cathepsin B	6
m-152	Lysosome membrane protein II	6
s-137	Cell surface antigen MS2	6
m-112	Platelet-endothelial tetraspan antigen 3	6
m-128	Membrane-associated protein HEM2	6
l-141	G-protein-coupled receptor 6H1 from T cells	6
l-157	CD81 antigen	6
s-72	Thioredoxin	6
m-129	Cuanine nucleotide-binding protein G（i），alpha-1 subunit	6
m-24	Phosphatidylinositol-4-phosphate 5-kinase FAB1	6
m-33	Complement factor B	6
s-46	Pathogenesis-related protein 1C	6
m-151	Interferon-inducible protein 1-8U	6
c-14	Epidermal differentiation-specific protein	7
c-44	Fibroblast growth factor-4	7
c-61	Ras-related protein Rab-14	7
c-87	Fibrillin 2	7
c-105	Cathepsin S	7
c-109	High affinity IgE Fc receptor gamma subunit	7
c-120	Gi1 protein alpha-1 subunit	7
c-136	CD18	7
c-191	microfibral-associated glycoprotein 4	7
c-212	P22 phagocyte B-cytochrome	7
c-279	Proteasome component C13	7
c-307	Serum amyloid A	7

クローン	相同遺伝子	文献
c-309	L-plastin	7
c-328	c-Myc binding protein MM-1	7
c-349	Cathepsin D	7
to-6	cathepsin K	8
to-21	IL-6 receptor b chain	8
to-108	integrin aM (CD11b)	8
to-111	cathepsin B	8
to-231	integrin aV	8
to-242	metalloproteinase inhibitor 2	8
to-245	extracellular superoxide dismutase	8
to-260	C type lectin	8
to-271	b-catenin	8
to-293	matrix metalloproteinase-14	8
to-331	endothelial actin-binding protein	8
to-351	thymosin b-12	8
to-354	putative G protein-coupled receptor GPR41	8
to-395	IgM chain C region membrane-bound form	8
to-405	proto-oncogene tyrosine-protein kinase fyn	8
to-438	serum amyloid P	8
to-441	putative G protein-coupled receptor GPR43	8
to-503	metalloproteinase inhibitor 3	8
to-504	cadherin-related tumor suppressor	8
to-509	pregnancy zone protein	8

以下の節では，SSH で同定された cDNA 断片をプローブとして，コイ腹腔滲出細胞 cDNA ライブラリーから完全長 cDNA が単離された自然免疫に関連する因子について，構造的・機能的特徴を述べる.

§2. ケモカインおよびケモカインレセプター

2・1　ケモカイン

SA は，コイの頭腎から腹腔内への白血球の遊走を強力に誘導したことから，SA 投与によって走化性因子の発現が誘導されると考えられた. 予想した通り，SA 投与を利用した SSH 実験において，単球走化性タンパク質（monocyte chemotactic protein, MCP-2）に相同な cDNA 断片（s-84）が得られた. これをプローブとして用い，コイ腹腔浸出細胞の cDNA ライブラリーをスクリーニングし，その完全長クローン（S84）を単離した [6]. S84 は全長 533 bp で，101 残基のアミノ酸をコードするオープンリーディングフレームを含んでいた.

その推定アミノ酸配列は，CC ケモカインの特徴を備えており，哺乳類の好酸球遊走因子（eotaxin）や MCP-2 と有為な相同性を示した．

哺乳類で強力な細胞誘引活性を示すケモカインとしては，CC ケモカインの他に CXC ケモカインファミリーに属する IL-8 が知られているが，上記の SSH 実験では CXC ケモカインに相同性を示すクローンは得られなかった．これは，おそらく IL-8 などの CXC ケモカインは SA の投与後，腹腔内では短時間しか発現されなかったためではないかと思われる．

2・2　サイトカインレセプター

上述のように，SA 投与を用いた SSH 実験では CXC ケモカインは見つからなかったにもかかわらず，CXC ケモカインレセプターに相同な cDNA 断片（m-135，l-2，l-56）が比較的高い頻度で得られた．それぞれの断片をプローブとして上記 cDNA ライブラリーをスクリーニングしたところ，対応する 3 種の完全長クローン（M135，L2，L56）を単離することができた[6]．まず，L2 と L56 の推定アミノ酸配列中には，疎水性アミノ酸に富む膜貫通ドメインが 7ヶ所存在することから，これらは 7 回膜貫通型レセプターと同定された．両クローン共に，哺乳類の CXC ケモカインレセプター（CXCR）1 に最も高いアミノ酸配列同一性（35〜40％）を示したことから，高親和性 IL-8 レセプターであると考えられる．一方，M135 も 7 回膜貫通型レセプターをコードし，哺乳類の CXCR4 に相同なクローンであった．CXCR4 のリガンドは CXC ケモカインの 1 種，stromal cell-derived factor-1（SDF-1）である．コイ CXCR4 の推定アミノ酸配列は，近年ニジマスから単離された CXCR4[9] や哺乳類の CXCR4 と，非常に高い同一性（60〜65％）を示した．

§3.　インターロイキン 1 β（IL-1 β）

IL-1 β は，活性化された単球やマクロファージで多く産生されるサイトカインで，リンパ球の活性化，マクロファージやナチュラルキラー細胞の細胞障害活性の増強，免疫グロブリンの分泌亢進など，多様な機能を果たす．SA と SG を複合投与したコイから得られた cDNA 断片 c-44 は，当初 fibroblast growth factor 4 に弱い相同性を示したが，これに対応する完全長 cDNA を単離したところ，その全一次構造は哺乳類の IL-1 β に最も高いアミノ酸配列同一

性（22〜25％）を示した[7]．一方，哺乳類の IL-1 α に対するアミノ酸配列同一性は，17〜22％と低かった．コイ IL-1 β の推定アミノ酸配列は，哺乳類の IL-1 β と同様にシグナルペプチドを含まない．また，哺乳類の IL-1 β は，IL-1 converting enzyme（ICE）によって限定水解を受けて，完全な活性を示す成熟型に変換されるが[10]，コイ IL-1 β には，ニジマス IL-1 β と同様に，明瞭な ICE 切断部位の配列が認められない．したがって，硬骨魚類の IL-1 β は，ICE とは異なるプロテアーゼによって成熟型に変換されるのかも知れない．コイの IL-1 β とニジマス IL-1 β との間のアミノ酸配列同一性は約 22％と低く，硬骨魚類の中で IL-1 β が高度に多様化していることが示唆される．RT-PCR によって，SA と SG の投与によってコイ腹腔内浸出細胞における IL-1 β の mRNA レベルが上昇することが確かめられている[7]．

　コイ IL-1 β の生体内における機能について十分には解析が進んでいないが，最近，酒井らは，コイ IL-1 β の cDNA を動物細胞用の発現ベクターに組み込んでコイの筋肉内に注射すると，腎臓におけるリンパ球の増殖や白血球の活性酸素酸性が亢進するほか，マクロファージの貪食活性が上昇し，さらに血中からの病原菌の除去が促進されることを報告している[11]．

§4. ナチュラルキラー細胞活性化因子（NKEF）

　Natural killer enhancing factor（NKEF）は，ナチュラルキラー（NK）細胞のガン細胞に対する細胞障害を促進する可溶性因子として，ヒトで初めて同定されたが[12]，その後の遺伝子レベルでの解析によって，Peroxiredoxin（Prx）と呼ばれる抗酸化タンパク質ファミリーの一員であることが明らかとなっている[13]．

　SA 投与コイを利用した SSH 実験において同定された NKEF 様の cDNA 断片（1-128）をプローブとして，その完全長クローン（L128）を単離したところ，L128 の推定アミノ酸配列は，Prx ファミリーの中でも哺乳類の NKEF-A（実際に NK 細胞を活性化する作用を有する Prx）に特徴的な配列モチーフを備えていた[6]．さらに筆者らは，コイ NKEF をコードするゲノム DNA の配列を解析した結果，コイ NKEF 遺伝子は少なくとも 2 コピー存在すること，および哺乳類の NKEF と同じエキソン-イントロン構造をもつことを明らかにし

ている[14]. コイでは哺乳類のNK細胞にあたる系統の白血球は見つかっていないために, ここで単離されたNKEFが実際にNKEFの細胞障害活性を増強するかどうかは不明なままである. コイNKEFの発現をRT-PCRによって解析したところ, 頭腎や体腎ではその構成的な発現が認められたのに対し, 脾臓や腹腔白血球での発現はSAやSGの投与によって誘導されることが判明した[14]. これらの組織におけるNKEFの機能は未解明であるが, おそらくその抗酸化作用によって, 食作用に伴う活性酸素酸性などの酸化ストレスから細胞を守る役割を果たしているものと推察される.

§5. 補体成分

SA投与コイを利用したSSH実験において, 哺乳類の補体B因子に相同なcDNA断片（m33）が見つかっている[6]. この配列は, これまでに単離されたコイB因子/C2の配列とは一致せず, コイの新たなB因子アイソタイプであることが示唆された. m33に対応する完全長cDNA（B/C2-A3）を単離したところ, これは既知のコイB因子/C2と30〜60％のアミノ酸配列同一性しか示さなかった[15]. B/C2-A3は, 他のB因子/C2とは異なり, 肝膵臓よりもむしろ腎臓で主に発現しており, その発現量はSAやSGの投与によって顕著に上昇した. また, 分子系統樹による解析では, B/C2-A3は少なくともコイ科魚類全般に存在することが示唆された. 哺乳類では, 単一の補体B因子が肝臓や好中球・マクロファージで発現しており, これら白血球での発現は細菌感染に応答して上昇することが知られている[16, 17]. これに対してコイ科魚類においては, B因子の遺伝子を多重化させて, その結果生じたB/C2-A3アイソタイプが, 専ら急性期応答因子として機能するように分化したと考えられる. 現在, この組換えタンパク質を発現させ, コイ補体第二経路におけるB/C2-A3の反応機構を解析している.

§6. 補体レセプター

体内に侵入した病原体によって補体が活性化されると, 溶解経路によってその病原体細胞を破壊するだけでなく, 活性化の途中で生じた補体成分の分解産物が様々な生物活性を示す. 特に, 生体防御にとって重要であると考えられて

いるのは，C3b および iC3b フラグメントによる貪食促進と，C3a および C5a フラグメントによる炎症の惹起である[18]．これらの活性は，白血球上に発現した，各フラグメントに特異的なレセプターによって媒介される．すなわち，補体が活性化されると，中心成分である C3 が C3b に加水分解され，C3b は異物表面に共有結合する．C3b は補体制御因子によって iC3b，C3d へとさらに断片化されるが，哺乳類の白血球には C3b，iC3b，C3d それぞれを主なリガンドとする種々の C3 レセプター（CR1，CR3，CR2）が存在する（図9・1）．C3b-CR1 間および iC3b-CR3 間の相互作用は，食作用の亢進（オプソニン化）を媒介し[19]，C3d-CR2 間の相互作用は正常な免疫応答に必要であるとされている．

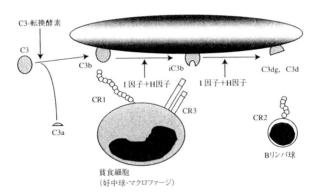

図9・1　活性化された補体成分 C3 の断片化と補体レセプター

　哺乳類の CR3 と CR4 は，細胞接着分子である LFA-1 を含む白血球インテグリンファミリーに属し，白血球インテグリンに共通の β サブユニット（CD18）と，各分子に固有の α サブユニット（CD11a，CD11b または CD11c）から成るヘテロ 2 量体である[19]．CR3，CR4 は共に補体 iC3b フラグメントを主なリガンドとするが，生体内でオプソニン活性を媒介するのは主に CR3 であると考えられている．

　筆者らは，SA と SG の複合投与を利用した SSH において，哺乳類の CD18 に相同な cDNA 断片を見い出した[7]．これをプローブとして上記 cDNA ライブラリーをスクリーニングしたところ，2 種の完全長クローン（CIB-1，CIB-

2) を単離することに成功した. 両者は約 90 ％のアミノ酸配列同一性を示し, 別々の遺伝子によってコードされるアイソタイプであることが判明した. それらの推定アミノ酸配列は, CD18 に特徴的な metal ion-dependent adhesion site, Ⅰドメイン, Cys-rich repeats および膜貫通ドメインを含んでいた. さらに, 分子系統樹を用いた解析によっても, CIB-1 と CIB-2 の両者は CD18, すなわち白血球インテグリンに共通の β サブユニットであることが強く示唆された (図 9・2).

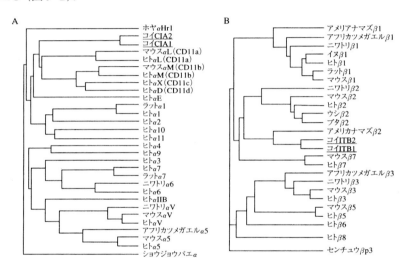

図9・2　コイ CR3 を構成するサブユニットの分子系統樹
A：β サブユニット, B：α サブユニット.

　一方, テルペン油を刺激剤として用いた SSH によって CD11 様の cDNA 断片が得られたので [8], この完全長クローンを単離して一次構造を解析した. CD18 の場合と同様に, 約 90 ％のアミノ酸配列同一性を示す 2 種のクローン (CIA-1, CIA-2) が単離された. 両者の推定アミノ酸配列は, CD11 に特徴的な metal ion-dependent adhesion site, Ⅰドメイン, FG-GAP モチーフと呼ばれるくり返し構造, そして膜貫通ドメインを含んでいた. 興味深いことに, これら CIA-1 と CIA-2 は, 哺乳類の CD11a, CD11b, CD11c に対して同程度のアミノ酸配列同一性を示した. さらに, 分子系統樹による解析においても,

コイ CD11 は，哺乳類の CD11a, CD11b, CD11c が互いに分岐する以前に，それらの祖先から分岐したことが示唆された（図 9·2）．このことから，CIA-1 と CIA-2 はコイの CD11 であり，哺乳類の CD11a, CD11b, CD11c の共通の祖先に近い分子であると考えられる．もしそうならば，コイの CD18（CIB-1, CIB-2）と CD11（CIA-1, CIA-2）によって形成される白血球インテグリンは，哺乳類の LFA-1, CR3, CR4 の原型であり，白血球間の細胞接着と iC3b を介した貪食促進という異なる機能を兼ね備えているのかもしれない．現在，コイ CD18 および CD11 の組換えタンパク質を作成中であり，それを用いた機能解析に興味がもたれる．

　一方，哺乳類の CR1 や CR2 は，構造的には CR3 とは関係がなく，short concensus repeat（SCR）と呼ばれる特徴的なくり返し配列から構成されている[20]．これまでに数種の硬骨魚類から，SCR からなる可溶性の補体制御タンパク質がクローニングされているが[21, 22]，CR1 や CR2 のような細胞膜に固定された SCR 含有タンパク質は見つかっていない．上述した一連の SSH 実験においても CR1 や CR2 に相同な配列は得られなかった．硬骨魚類の補体による異物のオプソニン化を分子レベルで理解するためには，未同定の CR1 や CR2 についてさらに探索をすすめる必要がある．

§7. SSH 法の問題点と今後の展開

　以上のように，SSH を利用した cDNA サブトラクションは，生体防御関連遺伝子のハンティングの推進に大きく寄与してきた．しかしながら，SSH で浮かび上がった cDNA クローンが全て，与えた刺激に応答して発現が上昇したものであるわけではない．単離した cDNA について，その mRNA レベルでの発現を RT-PCR などで再検討してみると，実際には構成的に発現していたという例もある[8]．しかしながら，単純な EST 解析よりもさらに生体防御関連遺伝子の cDNA を濃縮してから解析できる点で，SSH は効率的である．

　SSH 法は，サブトラクションを行う Tester cDNA と Driver cDNA を調製する組織や，用いる刺激剤を工夫することによって，さらに新たな遺伝子の発見をもたらしてくれるものと期待される．たとえば，*Vibrio anguillarum* を投与したニジマスの肝臓にも応用され，急性期応答因子の同定に貢献した[23]．ま

た，オリジナルの cDNA ライブラリーと，同じライブラリーの力価を人為的に減じたものを差し引きすることにより，ライブラリー中に非常に低頻度でしか存在しないと考えられる遺伝子のクローニングに成功した例がある [24]．あるいはどのような刺激剤を用いて調製するかに一連の SSH 実験で集まった遺伝子配列を基にジーンチップを作成し，様々な病原体の感染時や免疫強化物質の投与時の遺伝子発現の変動を網羅的に解析することが，魚類の自然免疫機構を解明するために非常に有効であると期待される．

文　献

1) B. H. Nam, E Yamamoto, and I Hirono, T. Aoki : A survey of expressed genes in the leukocytes of Japanese flounder, *Paralichthys olivaceus*, infected with Hirame rhabdovirus. *Dev Comp Immunol.*, **24**, 13-24 (2000).

2) I. Hirono, B. H. Nam, T. Kurobe, and T. Aoki : Molecular cloning, characterization, and expression of TNF cDNA and gene from Japanese flounder *Paralychthys olivaceus. J. Immunol.*, **165**, 4423-4427 (2000).

3) T. Yano, R. E. P. Mangindaan, and H. Matsuyama: Enhancement of the resistance of carp *Cyprinus carpio* to Experimental *Edwardsiella tarda* infection, by some β-1, 3-glucans. *Nippon Suisan Gakkaishi*, **55**, 1815-1819 (1989).

4) K. Fujiki and T. Yano : Effects of sodium alginate on the non-specific defence system of the common carp (*Cyprinus carpio* L.). *Fish Shellfish Immunol.*, **7**, 417-427 (1997).

5) L.Diatchenko, Y.F.C. Lau, A.P.Campbell, A. Chenchik, F. Moqadam, B. Huang, S. Lukyanov, K. Lukyanov, N. Gurskaya, E. D.Sverdlov, and P.D.Siebert: Suppression subtractive hybridization : a method for generating differentially regulated or

tissue-specific cDNA probes and libraries. *Proc. Natl. Acad. Sci. USA*, **93**, 6025-6030 (1996).

6) K. Fujiki, D. H. Shin, M. Nakao, and T. Yano: Molecular cloning of carp (*Cyprinus carpio*) CC chemokine, CXC chemokine receptor, allograft inflammatory factor-1, and natural killer enhancing factor by use of suppression subtractive hybridization. *Immunogenetics*, **49**, 909-914 (1999).

7) K. Fujiki, D. H. Shin, M. Nakao, and T. Yano : Molecular cloning and expression analysis of carp (*Cyprinus carpio*) interleukin-1β, high affinity immunoglobulin E Fc receptor γ subunit and serum amyloid A. *Fish Shellfish Immunol.*, **10**, 229-242 (2000).

8) K. Fujiki, C. J. Bayne, D. H. Shin, M. Nakao, and T. Yano : Molecular cloning of carp (*Cyprinus carpio*) C-type lectin and pentraxin by use of suppression subtractive hybridization. *Fish Shellfish Immunol.*, 11, 275-279 (2001).

9) C. J. Secombes, J. Zou, G. Daniels, C. Cunningham, A. Koussounadis, and G. Kemp : Rainbow trout cytokine and cytokine receptor genes. *Immunol. Rev.*, **166**, 333-340 (1998).

10) C.A.Dinarello: Interleukin-1, interleukin-

1 receptors and interleukin-1 receptor antagonist. *Internat. Rev. Immunol.*, **55**, 97-179 (1998).

11) T. Kono, K. Fujiki, M. Nakao, T. Yano, M. Endo, and M. Sakai : The immuine responses of common carp, *Cyprinus carpio* L., injected with carp interleukin-1b gene. *J. Interferon Cytokine Res.*, **22**, 413-419 (2002).

12) H. Shau, R. Gupta, and S. H. Golub : Identification of natural killer enhancing factor (NKEF) from human erythroid cells. *Cell. Immunol.*, **147**, 1-11 (1993).

13) H. Sato and S. Bannai : Peroxiredoxin : a new host antioxidantion system. *Seikagaku*, **71**, 333-337 (1999).

14) D. H. Shin, K. Fujiki, M. Nakao, and T. Yano : Organization of the NKEF gene and its expression in the common carp (*Cyprinus carpio*). *Dev. Comp. Immunol.*, **25**, 597-606 (2001).

15) M. Nakao, M. Matsumoto, M. Nakazawa, K. Fujiki, and T. Yano : iversity of complement factor B/C2 in the common carp (*Cyprinus carpio*) : three isotypes of B/C2-A expressed in different tissues. *Dev. Comp. Immunol.*, **26**, 533-541 (2002).

16) J. S. Sundsmo, J. R. Chin, R. A. Rapin, D. S. Fair, Z. Werb : Factor B, the complement alternative pathway serine protease, is a major constitutive protein synthesized and secreted by resident and elicited mouse macrophages. *J. Exp. Med.*, **161**, 306-322 (1985).

17) T. Okuda : Murine polymorphonuclear leukocytes synthesize and secrete the third component and factor B of complement. *Int. Immunol.* **3**, 293-296 (1991).

18) S. K. A. Law and K. B. M. Reid :Complement (2nd edition). Oxford University Press (1995).

19) H. Rosen and S. K. A. Law: The leukocyte cell surface receptor (s) forthe iC3b product of complement. *Curr. Top. Microbiol. Immunol.*, **153**, 99-122 (1989).

20) D. T. Fearon and J. M. Ahearn : Complement receptor type 1 (C3b/C4b receptor ; CD35) and complement receptor type 2 (C3d/Epstein-Barr virus receptor; CD21), *Curr. Top. Microbiol. Immunol.*, **153**, 83-98 (1989).

21) T. Katagiri, I. Hirono, and T. Aoki : Molecular analysis of complement regulatory protein-like cDNA from the Japanese flounder *Paralichthys olivaceus, Fish. Sci.*, **64**, 140-143 (1998).

22) C. Kemper, P. F. Zipfel, and I. Gigli : The complement cofactor protein (SBP1) from the barred sand bass(*Paralabrax nebulifer*) mediates overlapping regulatory activities of both human C4b binding protein and factor H. *J. Biol. Chem.*, **273**, 19398-19404 (1998).

23) C. J. Bayne, L. Gerwick, K. Fujiki, M. Nakao, and T. Yano : Immune-relevant (including acute phase) genes identified in the livers of rainbow trout, Oncorhynchus mykiss, by means of suppression subtractive hybridization. *Dev. Comp. Immunol.*, **25**, 205-217 (2001).

24) K. Fujiki, D. H. Shin, M. Nakao, and T. Yano : Molecular cloning of carp (*Cyprinus carpio*) leucocyte cell-derived chemotaxin 2, glia maturation factor β , CD45 and lysozyme C by use of suppression subtractive hybridization. *Fish Shellfish Immunol.*, **10**, 643-650 (2000).

10. ゲノムから見た魚類の免疫系，特に，リンパ球
細胞表面抗原認識レセプターについて

青木　宙 * ・廣野育生 *

　外界から侵入した病原微生物や寄生虫に対して魚類における生体防御反応は，免疫反応がその中心的役割を担っている [1-3]．魚類の免疫反応は大きくわけて自然免疫と適応免疫に区分される．自然免疫は，無脊椎動物から脊椎動物に見られる原始的な免疫系であるが，好中球やマクロファージなどの貪食細胞による食菌作用，体表，腸管粘膜や血清成分中に含まれる可溶性殺菌物質（レクチン，リゾチーム，ムラミダーゼ，トランスフェリン），特異性が低いがナチュラルキラー細胞，インターフェロン，反応性タンパク質（CRP），溶血素，熱ショックタンパク質，補体などがある．応答性が早く，微生物などの侵入初期に迅速に対応する極めて重要な役割を果たしている [1-3]．

　一方，適応免疫は微生物などの侵入に対して，自然免疫応答よりやや遅れて反応を開始し，脊椎動物のみに見られる B 細胞や T 細胞がその役割を演じている．特異性が高く，侵入した異物は，記憶され，再度，同じ異物が侵入した時は，その反応は強く，迅速に対応するようになる．また，宿主細胞内で複製するウイルスおよび生体内で増殖する細菌に対する防御，過敏症，移植片の拒絶反応に対応する [1-3]．

　従来，自然免疫と適応免疫に関与する遺伝子の構造は，補体 [4]，免疫グロブリン [5-8]，MHC 遺伝子 [9] を除いてその構造は明らかにされていなかった．最近，ヒラメの各種臓器で発現する遺伝子の Expressed Sequence Tag 解析によって種々の生体防御あるいは免疫関連遺伝子がクローニングされ，その遺伝子構造が明かとなってきた [10-16]．これらの遺伝子はサイトカイン（腫瘍壊死因子 TNF-α，インターロイキン 1，種々のケモカイン，種々のサイトカインレセプターなど），抗原認識分子である T 細胞レセプター α，β，γ および δ，IgM，IgD，L 鎖 κ，λ，自然免疫応答に関与する Toll 様レセプター 2，3，主要組織

* 東京水産大学大学院水産学研究科

適合抗原複合体 MHC-I，II α，II β，種々の白血球表面抗原マーカー（CD3，CD8 など），抗微生物タンパク質である 2 種類のリゾチウム，トランスフェリン，抗ウイルスタンパク質 Mx，NKリシン，細胞傷害因子パーフォリン，補体関連因子（C1，C3，C8 β，C9，補体制御タンパク質），種々のプロテアーゼおよびプロテアーゼインヒビター，免疫関連遺伝子の転写因子（IRF1，IRF4，ICSBP，C/EBP，STAT，NF κ B など），細胞内免疫カスケードに関与する因子などである（表 10·1）．今回は，特に，適応免疫に関与する遺伝子としてリンパ球細胞表面抗原認識レセプターである T 細胞レセプター，T 細胞レセプターの抗原認識シグナルを細胞内へ伝達する CD3 および免疫グロブリンを紹介する．

表10·1　ヒラメよりクローン化した免疫関連遺伝子

サイトカイン	血清タンパク質	細胞表面分子	シグナル伝達因子
B細胞活性化因子	補体C1	CD3 γ / δ	カスパーゼ10
CCケモカイン	補体C3	CD3 ε	JAK3チロシンキナーゼ
CXCケモカイン	補体C7	CD8 α	MAPキナーゼキナーゼ1
Fasリガンド	補体C8 β	CD11b	SAP90A
インターロイキン1 β	補体C9	CD18	SH3P2
インターロイキン8	補体制御因子	CD20	TNFR2-転写活性化因子
MIP1 α	C 型リゾチウム	CD22	アポトーシス関連因子
MIP1 β	G 型リゾチウム	CD49 e	ANA, BTG 3タンパク質
NK細胞活性化因子	Mx タンパク質	CD50	アポトーシス制御因子-NR-13
T細胞免疫制御因子1	NK-リシン	CD53	アポトーシス抑制因子RIAP 3
TGF β	パーフォリン	CD63	転写因子
腫瘍壊死因子 α	チモシン β 4	CD83	NF- κ B
腫瘍壊死因子スーパーファミリー	チモシン β 10	Fc- γ -1/ γ -2レセプター	bZIP転写因子·Maf A
顆粒球コロニー刺激因子 G-CSF	トランスフェリン	免疫グロブリン重鎖D	C/EBP β
		免疫グロブリン重鎖M	C/EBP ε
サイトカインレセプター		免疫グロブリン軽鎖 κ	初期成長応答因子1
CCケモカインレセプター		免疫グロブリン軽鎖 λ	初期成長応答因子2
CXCケモカインレセプター		クッパー細胞レセプター	インターフェロン共通配列結合タンパク質
G-CSFレセプター		ロイコトリエン β 4レセプター	インターフェロン制御因子1
インターロイキン1レセプターII		免疫グロブリンレセプター	インターフェロン制御因子4
インターロイキン6レセプター β		T細胞レセプター α	NF-IL6- β タンパク質
インターロイキン8レセプター		T細胞レセプター β	p55-C-FOS
腫瘍壊死因子レセプター1		T細胞レセプター γ	転写因子AP-1
腫瘍壊死因子レセプター2		T細胞レセプター δ	転写因子JUN-B
		Toll様レセプター2	
		Toll様レセプター3	
		トランスフェリンレセプター	

§1. T細胞レセプター遺伝子

T 細胞は脊椎動物においてもっとも重要な免疫反応調節細胞である．哺乳類の TCR は 2 本の異なるペプチド α 鎖および β 鎖からなる $\alpha\beta$ 型と，γ および δ 鎖からなる $\gamma\delta$ 型が存在し，いずれの場合も受容体分子として細胞表面に発現され，抗原提示細胞（antigen presenting cell；APC）より提示された抗原を認識し [17, 18]，T 細胞を活性化する（図 10・1）．ヒトの抹消血の 90％に至るリンパ球が α/β T 細胞であるため，$\alpha\beta$ TCR の抗原認識の仕組みおよびタンパク質または遺伝子の構造については研究が進んでいるが，$\gamma\delta$ TCR に関してはほとんど知られていない [17-20]．しかしながら，ヒトの腸および粘膜上皮など，また，ヒト以外の哺乳動物の末梢血の場合，リンパ球の約半数は γ/δ 細胞が占めていることがある [18]．したがって，$\gamma\delta$ T 細胞は基本的に $\alpha\beta$ T 細胞とは異なる機能をもつことが予想される．さらに，$\alpha\beta$ T 細胞は MHC（主要組織適合遺伝子複合体）分子が提示した抗原ペプチドのみを認識する反面，$\gamma\delta$ T 細胞は免疫グロブリンと同様に直接抗原を認識することができる [19, 20]．哺乳類の α/β TCR の類似分子をコードしている遺伝子の構造および発現は鳥類 [21-24]，両生類 [25, 26]，魚類 [27-34] および板鰓類 [29, 35, 36] を含む多くの脊椎動物より同定されているが，α/β TCR の類似分子はほとんど明らかにされていない．さらに，

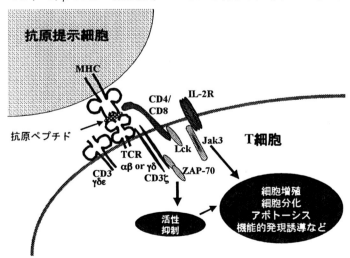

図 10・1　T 細胞の抗原認識とシグナル伝達

下等脊椎動物の TCR のゲノム遺伝子についての報告はほとんどなく，サメ[36] およびニジマス[37] の TCR β 鎖のゲノム遺伝子の構造，さらに，フグの TCR α 鎖の定常領域が解析されているのみである[30]．ヒト[38] およびマウス[39] の場合，TCR α 鎖の遺伝子座のなかに TCR β 鎖の遺伝子座が存在しているのが明らかにされている．最近，ミドリフグの TCR α 鎖遺伝子の解析により，TCR δ 鎖の遺伝子座が α 鎖の遺伝子座の間に存在していることが確認された[31]．しかし，ミドリフグの TCR α / δ 遺伝子座は哺乳類および鳥類の TCR α / δ 遺伝子座とは異なる構造をとっていた．哺乳類および鳥類の場合，δ 鎖の遺伝子座は α 鎖の V 領域および J 領域の間に存在するが，ミドリフグの場合 α 鎖と δ 鎖の遺伝子座が隣接していた．さらに，ミドリフグの α / δ 遺伝子座の長さは他の哺乳類のものより短かった．これは脊椎動物のうち魚類は異なる構造の TCR ゲノム遺伝子をもっていることを示唆しており，脊椎動物の抗原受容体遺伝子の進化を論ずるのにもっとも重要なポイントであると考えられた．筆者らは真骨魚類の TCR 遺伝子の cDNA および BAC ゲノムクローンを用いて解析を行い，4 種類すべての TCR α，β，γ および δ の構造を明らかにしたので紹介する[40]．

1・1　ヒラメ TCR の 1 次構造

α 鎖

ヒラメの TCR α cDNA（JFTCR α-1）は，269 アミノ酸残基をコードしていた[40]．ヒラメ V α1 はフグの TCR V α（U22677）と 57％の相同性を示した．TCR において重要なアミノ酸残基（G，W，D，A，Y および C）が V α1 に保存されていたが，23 番目のシスティン残基（C23）はフグの Sn191 クローンと同様に保存されていなかった．ヒラメの V α1 では C3 および C104 が V 領域でのジスルフィド結合を形成することが予想された．ヒラメの V α2 グループはニジマスの TCR Vδ と 37.7％の相同性があり，C23 を保存していた．ヒラメ V α2.1 はヒラメの Vδ のリーダーペプチドと同じ配列をもち，V α2.1 と Vδ の間には 34.8％のアミノ酸相同性を示した．

ヒラメの TCR α において，これまでに報告されている TCR α の定常領域には必ず存在する 4 ヶ所のシスティン残基を含む重要なアミノ酸が保存されていた．ヒラメの TCR α の定常領域において，conserved antigen receptor trans-membrane（CART）motif[41] を含むもっとも重要な領域である TM 領域で，

TCR/CD3 の複合体の形成に重要であるアルギニン，リジン，フェニルアラニ
ンはすべて保存されていた [42].

β鎖

ヒラメの TCR β 鎖 cDNA（JFTCR β1）には 310 アミノ酸残基がコードさ
れていた [40]．複数の cDNA を解析したところ，2 つの異なるリーダーペプチ
ド配列をもつ Vβ が同定され，Vβ1 と Vβ2 と命名した．Vβ1 は Vβ2 との間
に 32.5％の相同性をもっていた．Vβ1 はアメリカナマズVβ [29]と，Vβ2 は大
西洋タラのVβ [30]とそれぞれ 57.4％および 47.9％の相同性を示した．ヒラメ
TCRβ鎖には 179アミノ酸残基のCβ1と 172アミノ酸残基の Cβ2 の 2 つの異
なる定常領域が存在した．Cβ1 および Cβ2 はアミノ酸レベルで 93％の高い
相同性を示したが，3'非翻訳領域は異なる塩基配列を存在していたことから，
これらの 2 つの Cβ は異なるアイソタイプであると考えられた．ヒラメ Cβ は
ジスルフィド結合を形成する 2 つのシステイン残基の間に他の Cβ とは異なる
配列をもっていた．Cβ1は 16 アミノ酸残基が，Cβ2 は 11アミノ酸残基が付
加されており，さらに，これらは推定アスパラギン結合型糖鎖結合部位を含ん
でいた．内部ジスルフィド結合を形成するシステイン残基は保存されていたが，
TCRα鎖とジスルフィド結合を形成するためのシスティン残基は他の真骨魚類
のものと同様に保存されていなかった [43]．最近，TCR α 鎖および β 鎖の間のジ
スルフィド結合は α/β 二両体の形成または TCR α/β-CD3 複合体の TM シグ
ナル伝達において必要ではなく，Ig-C domain に保存されている Y-(C)-(L)-
(S)-S-R-L-R-(V)-(S)-(A) motif が，TCR α/β 二両体形成において重要で
あることが報告されている [44]．この motif 中の S-R-L はヒラメを含むすべて
の脊椎動物で保存されていることから，この配列が TCR α/β 二両体の形成に
おいて重要な役割を果たしていると考えられた．

γ鎖

ヒラメの TCR γ 鎖 cDNA（9-4-2）は全長 1146-bp で 333アミノ酸残基をコ
ードしていた [40]．ヒラメの Vγ 部分はエイの Vγ [29]と 32.2％の相同性を示した．
クローン 9-4-2 の塩基配列を用いてヒラメ TCR γ 鎖の特異プライマーを作製
し，ヒラメ白血球および腎臓より合成した cDNA に対し RT-PCR を行った．
RT-PCR より増幅してきた PCR 産物をクローン化し，塩基配列を決定した．

次いで，推定アミノ酸の配列を比較したところ，ヒラメの TCRγ 鎖にも 2 つの定常領域（Cγ1 および Cγ2）が存在していることが明らかになった．Cγ1 および Cγ2 は Ig-C domain および TM 領域ではほとんど同じ配列を有していたが，ヒトやマウスで報告されているように CP 領域では異なるアミノ酸残基数であった．ヒラメの Cγ は，Ig-C domain でジスルフィド結合を形成する C30 および C90，また，C30 より下流 14 番目のトリプトファンは保存されていたが，C90 より上流の 14 番目のトリプトファンは保存されていなかった．エイの Cγ においても同じ配列であった[29]．ヒトやマウスの Cγ[20, 30, 45] と同様にヒラメの Cγ も塩基性アミノ酸（R，L，H）および酸性アミノ酸（D，E）を多く含んでいた．これは TCR/CD3 のシグナル伝達において重要な役割を果たすと考えられている．ヒラメの Cγ は CP 領域に T-P-S の繰り返し配列をもっており，これの繰り返し回数によって Cγ1 および Cγ2 の異なる長さが生じることが明らかとなった．

δ 鎖

ヒラメの TCRδ 鎖 cDNA は 260 アミノ酸残基をコードしていた[40]．ヒラメの複数の TCRδ 鎖 cDNA 配列の解析により 2 つの Dd 配列（GGCTGG および GGGACT）の存在が推測された．47 個の cDNA の中，17 個の cDNA は 2 つの Dd コア配列をもっており，V-D-D-J-C の構成をとっていることが予測されたが，GGGCTCC または GGGACT のうち，1 つだけコードしている cDNA はそれぞれ 7 個と 6 個であり，これらは V-D-J-C の構造をとっていることが予想された．残りの 17 個の cDNA は Dd コア配列をコードしていなかった．ヒラメ TCRδ 鎖の Jδ 領域には J sequence motif である F-G-X-G 配列[46] の変わりに I-G-E-A 配列が存在していた[40]．

ヒラメ TCRδ 鎖には 2 種類の定常領域（Cδ1 および Cδ2）が存在することが明らかとなった．2 種類の定常領域のアミノ酸配列は 84 % の相同性を示したが，TM および細胞内領域は一致した．しかしながら，Cδ1 には CP 領域が欠損している反面，Cδ2 は CP 領域をもっていることより，Cδ1 は 118_{-aa}，Cδ2 は 150_{-aa} の異なる長さであった．また，ヒラメの Cδ2 の CP 領域は（A/T）DS（C/H）D（N/D）X（H/N）S の繰り返し配列をコードしていた．

系統樹

4 種類のヒラメ TCR の定常領域と他の生物の既知の TCR 定常領域のアミノ酸配列を用いて系統樹の解析を行ったところ，Cα および Cβ は他の真骨魚類の Cα および Cβ とそれぞれサブクラスターを形成した．Cγ および Cδ も他の生物の Cγ および Cδ ときれいにサブクラスターを形成した（図 10・2）．

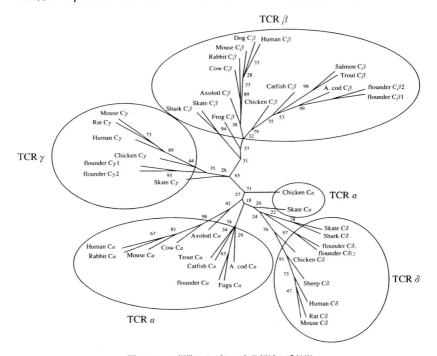

図 10・2　T 細胞レセプター定常領域の系統樹

1・2　ヒラメ TCR のゲノム DNA の構造および遺伝子座

αβT 細胞の膜抗原受容体である α 鎖および β 鎖については哺乳類だけではなく軟骨魚類 [29, 35, 36] や真骨魚類 [27-34]，両生類 [25, 26]，または鳥類 [21-29] などのほとんどの生物において解明されている．γ 鎖および δ 鎖についてはまだ報告が少なかったため，脊椎動物の免疫系の進化および発達に関して不明な点が多かった．最近，ミドリフグの TCR α/δ 遺伝子座の解析により約 30 kb の DNA 断片の上に TCR α/δ の定常領域が並んでいることが明らかとなり [31]，ヒラメ

のCδ1のゲノムDNAの構造と一致した（図10·3）．しかしながら，筆者らはcDNA解析によりクローン化したCδ2は，BACクローンを用いたゲノム解析によりTCRγ鎖と同じ遺伝子座に存在し，現在まで報告されている他の生物のTCR遺伝子座[24, 31, 28, 29]とは異なり，哺乳類においてTCRδ鎖はα鎖の遺伝子座を解析する内にTCRδ鎖のVαおよびJα領域の間に存在していることを見い出した[47]．ヒト[38]のTCRCαおよびCδは97.6 kbのDNA断片の上に並んで存在し，マウス[39]のTCRCαおよびCδは94.6 kbのDNA断片上にある．しかしながら，エイの場合，CαおよびCδのDNAプローブは，約600 kbのDNA断片にハイブリダイズすることが明らかにされた[35]．このことは，エイのCαとCδは哺乳類のCαとCδの距離より離れて存在しているか，sあるいは魚類には第2のTCRδ鎖が存在することも考えられた．ヒラメにも2タイプのTCRδ鎖の定常領域がそれぞれ異なる遺伝子座で存在しているのが明らかになったことから，真骨魚類を含む下等脊椎動物では，ヒトやマウスなどの哺乳動物の免疫遺伝子とは異なっていると考えられた．さらに，これらのことは脊椎動物の免疫遺伝子の進化を研究する上においてもっとも重要なポイントになるものと思われた．また，魚類の免疫因子および反応の機能や仕組み

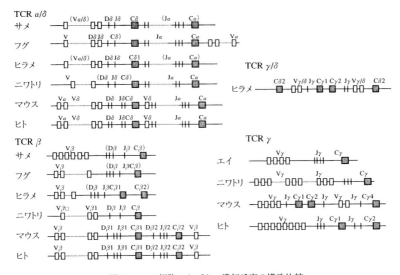

図10·3　T細胞レセプター遺伝子座の構造比較

について，ヒトやマウスの免疫システムを対照として説明してきたが，哺乳類の免疫システムの理論だけでは説明できないところも存在することがわかってきた.

§2. CD3 遺伝子

CD3は T 細胞膜上で CD3-TCR 複合体を形成しており，TCR によって認識された MHC からの抗原認識シグナルを細胞内に伝達する役割を担っている [48, 49]. さらに，CD3 は TCR 遺伝子を発現するのに欠かせない分子である [50, 51]. 哺乳類の CD3 は CD3γ鎖，CDδ鎖，CD3ε鎖および CD3ζ鎖に分類されており，CD3γ鎖，CDδ鎖および CD3ε鎖は遺伝子構造解析により 1 つの祖先遺伝子から分化されたとされている. CD3γ鎖と CDδ鎖には細胞外領域に糖鎖結合部位が存在しているが，CD3ε鎖には糖鎖結合部位が存在していない. CD3γ鎖，CDδ鎖および CD3ε鎖は免疫グロブリンスーパーファミリーに属しており，細胞内領域に immunoreceptor tyrosine-based activation motif (ITAM)，細胞外領域に CXXCXE motif およびジスルフィド結合に重要なシステイン残基が保存されている [52, 53]. また，ニワトリおよびアフリカツメガエルでは，既知の哺乳類の CD3γ鎖と CDδ鎖の両方に類似した構造および機能をもつ CD3γ/δ鎖の存在が報告され，この遺伝子は CD3γ鎖とCDδ鎖の祖先の型であることが示唆されている [54~56]. さらに，ニワトリでは CD3ε鎖の存在も報告されているが，魚類の CD3 に関する報告はまったくない. 魚類のような下等脊椎動物において，CD3 の存在は CD3-TCR 複合体の形成，さらには TCR 遺伝子の発現にどのようにかかわるか興味がもたれる. 最近，筆者らはヒラメ白血球 EST 解析 [11, 12] により CD3 と相同性を示す DNA 断片をクローン化し，構造などを明らかにしたのでここに紹介する.

2 種類の CD3cDNA クローンが得られ，それぞれ CD3-1 および CD3-2 とした [57]. CD3-1 の全長 cDNA は 961bp からなり，178 アミノ酸をコードしていた. また，CD3-2 の全長 cDNA は 927bp からなり，182 アミノ酸をコードしていた. この 2 つのクローンのアミノ酸配列を比較したところ，95.1％の相同性が見られた. サザーンブロット解析により，ヒラメの CD3 遺伝子はシングルコピーであることを確かめたことから，これら 2 種類の CD3cDNA はア

レルであると考えられた．ヒラメの CD3 のアミノ酸配列と哺乳類の CD3γ 鎖，CDδ 鎖および CD3ε 鎖，ニワトリの CD3γ/δ 鎖と CD3ε 鎖との相同性は約 25％であった．このように，ヒラメ CD3 は既知のものと比較すると，相同性は低いものであったが，CD3 の重要な特徴である 4 つのシステイン残基の位置，CXXCXE および ITAM がよく保存されていた．ヒラメの CD3 にはアスパラギン結合型糖鎖結合部位が存在しておらず，この点は CD3γ 鎖および CDδ 鎖と一致した．しかし，系統図解析ではヒラメ CD3 は CD3γ 鎖および CDδ 鎖より CD3ε と近く位置していた．ヒラメ CD3 遺伝子は 2.8 kp で 5 つのエキソンと 4 つのイントロンより構成されており，この構造はニワトリ CD3γ/δ 鎖，アフリカツメカエルの CD3γ/δ 鎖および哺乳類の CD3δ 鎖と類似した．筆者らは，最近，ヒラメより CD3ε 鎖 cDNA および遺伝子をクローン化しており [58]，魚類 CD3 遺伝子ファミリーはニワトリと類似のファミリー構成および構造を有していることが明らかとなった（図 10・4）．

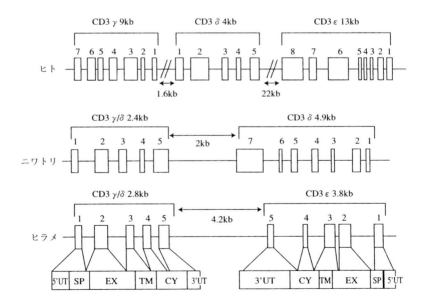

図 10・4　CD3 遺伝子の構造比較
UT：非翻訳領域，SP：シグナルペプチド，EX：細胞外ドメイン，TM：細胞膜貫通領域，CY：細胞内領域

　ヒラメ組織での CD3 遺伝子の発現は，胸腺，白血球，頭腎，後腎，脾臓，腸，鰓および脳より確認された．この遺伝子発現パターンは，T 細胞受容体である TCR α 遺伝子の発現パターンと同様であった．ヒラメ末梢血の 34.9 ％の細胞は CD3 遺伝子を発現していた．これは哺乳類の白血球中での T リンパ球の割合とヒラメの白血球中での T リンパ球の割合がほぼ同様であることが示唆された．

　筆者らは，EST 解析により，CD8 α，TCR α，TCR-δ，膜型 IgM および膜型 IgD などのリンパ球細胞表面マーカーを多数クローン化しており，今後は，遺伝子発現レベルでのヒラメリンパ球の同定ができるものと考えている．

§3. 免疫グロブリン遺伝子

　免疫グロブリンスーパーファミリーには，免疫グロブリン，T 細胞および B 細胞膜上に存在する受容体および抗原提示に関与する受容体の多くが所属している．また，白血球表面に存在するポリペプチドの約 40 ％は，免疫グロブリンスーパーファミリーに属している[59]．免疫グロブリンスーパーファミリーに共通して存在するドメインは，70〜110 個のアミノ酸残基からなり[60]，約 60 アミノ酸残基を 2 つのシステイン残基がはさみ込むように鎖内ジスルフィド結合を形成する．これによって，安定性のある特徴的な構造をとっている[61]．各免疫グロブリン様ドメインをコードしている遺伝子領域は，通常，イントロンによって分断されることなく，この免疫グロブリンスーパーファミリーに所属する全ての遺伝子は，少なくとも，1 つ以上のドメインをコードしていることから，これらの遺伝子は長い進化の歴史の過程で共通の祖先遺伝子から分化したものであると考えられている[59]．

　免疫グロブリンは，複数のサブユニットからなる糖タンパク質で，生体が病原体や異物の侵入を受けたときに B 細胞から産生される．産生した免疫グロブリンは B 細胞膜上および血液中に存在し，病原体などの異物と特異的に結合して異物を排除する働きをする．免疫グロブリンの基本構造は，2 本の重鎖（H 鎖）および 2 本の軽鎖（L 鎖）により四量体を形成しており，各サブユニットは，ジスルフィド結合（S-S 結合）により，共有結合で結ばれている．H 鎖の構造は，可変領域（variable region：VH）および定常領域（constant region：

CH）からなっている．哺乳類の免疫グロブリンには，IgM，IgD，IgG，IgA および IgE の異なったクラスが存在し，CH の構造の違いにより，これらのクラスが分類されている．L 鎖も H 鎖と同様に，可変領域（VL）と定常領域（CL）から構成されているが，CL は CH に比べて非常に短縮された構造になっている．免疫グロブリンの抗原結合部位は，アミノ末端側に存在する 2 つの Fab（antigen-binding fragment）部位と，それ以降のカルボキシル末端側に存在する Fc（crystallizable fragment）部位の 2 種類の領域により構成されている [59]．

ヒトの H 鎖遺伝子を構築する遺伝子群は，第 14 番染色体に存在しており，L 鎖遺伝子を構築する κ 型 L 鎖遺伝子群および λ 型 L 鎖遺伝子群は，第 2 番染色体および第 22 番染色体にそれぞれ存在している．未分化の B 細胞における H 鎖遺伝子は，VH をコードする遺伝子群と CH をコードする遺伝子群の 2 つのグループに分かれて存在する．ヒトの VH をコードする遺伝子には，V 遺伝子群，D 遺伝子群および J 遺伝子群の 3 種類がそれぞれクラスターを形成しており，V 遺伝子群は 100 個以上の遺伝子，D 遺伝子群は約 30 個の遺伝子，J 遺伝子群は約 6 個の遺伝子でそれぞれ構成されている [62]．Pech ら [63] は，VH 遺伝子の約 30 ％ に偽遺伝子が存在すると報告している．CH には，IgM，IgD，IgG3，IgG1，IgA1，IgG2，IgG4，IgE および IgA2 の 8 種類の定常領域が存在し，これらをコードする C μ，C δ，C γ 3，C γ 1，C α 1，C γ 2，C γ 4，C ε および C α 2 遺伝子がそれぞれ順番にクラスターを形成している．

ヒトの L 鎖遺伝子を構築する κ 型 L 鎖あるいは λ 型 L 鎖遺伝子群中には，VL および CL をコードする遺伝子が存在している．κ 型 L 鎖および λ 型 L 鎖の VL は，VH とは異なり，V 遺伝子群（V κ 遺伝子，V λ 遺伝子）および J 遺伝子群（J κ 遺伝子，J λ 遺伝子）から形成されている [64]．V κ 遺伝子群および J κ 遺伝子群は，それぞれ，200〜300 個の V 遺伝子，5 個の J 遺伝子から構成されている [64]．CL をコードする遺伝子は，1 つの C κ 遺伝子あるいは複数の C λ 遺伝子の中から構築される．また，C λ 遺伝子は，個々の J λ 遺伝子の下流に連座している．

魚類における免疫グロブリンは，長い間，IgM のみであると考えられていた．そのため魚類における IgD 遺伝子の報告は少なく，アメリカナマズ [6, 65]，大西

洋サケ^{7, 66)}，大西洋タラ⁸⁾で報告されている．アメリカナマズおよび大西洋サケ IgD のδ鎖定常領域は 7 個のドメインよりなり，ここのドメインはそれぞれ 1 個のエキソンが対応している．7 個のドメイン領域の下流には膜貫通領域が存在し，この膜貫通領域は 2 個のエキソンより構成されており，δ1-δ2-δ3-δ4-δ5-δ6-δ7-TM1-TM2 という構造を形成している．魚類の IgD 遺伝子の［δ1-δ5-δ6］は，ヒトで報告されているδ鎖遺伝子の［δ1-δ2-δ3］に対応していると考えられている．興味深いことに，大西洋タラの IgD 定常領域は太平洋サケやアメリカナマズのものとは異なり，δ1-δ2 のエキソンが重複し，その間に新たな短いエキソンを挟むδ1-δ2-y-δ1-δ2-δ7-TM1-TM2という構造を形成している．ヒラメ IgD の定常領域の基本構造は⁶⁷⁾，既知の大西洋サケ^{7, 66)}およびアメリカナマズ^{6, 65)}と同様に，［μ1-δ1-δ2-δ3-δ4-δ5-δ6-δ7-TM］という構造を形成していた（図 10・5）．しかし，ヒラメ IgD の定常領域をコードする遺伝子には，アメリカナマズや大西洋サケの IgD 遺伝子に見られるような繰り返し配列は存在しなかったが，ヒラメの IgD の定常領域中の大西洋サケのδ2，δ3 およびδ4 として報告されている配列より，δ2#，δ3#およびδ4#と高い相同性を示した．同様に，アメリカナマズとの比較では各δ鎖間において 40％程度の相同性を示した．ヒラメ IgD のシステイン残基は，大西洋サケおよびアメリカナマズ IgD のドメインを形成していると考えら

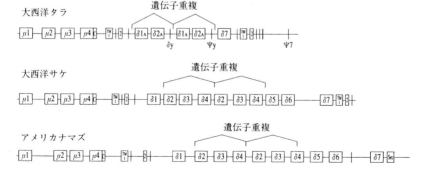

図 10・5　魚類の免疫グロブリン定常領域遺伝子の比較

れているシステイン残基の位置と全て一致していた．さらに，大西洋サケおよびアメリカナマズにはドメインを形成していると思われるシステイン残基以外に$\delta 1$，$\delta 4$ および$\delta 5$ でシステイン残基が 1 つずつ存在するが，ヒラメにおいても，その位置にもシステイン残基が存在していた．また，大西洋サケおよびアメリカナマズの$\delta 1$，$\delta 2$，$\delta 4$，$\delta 5$ および$\delta 7$ において，最初のシステイン残基から，11～14 アミノ酸残基下流および第 2 番目のシステイン残基から，7 および 8 アミノ酸残基上流にみられるトリプトファン残基の位置も全て一致した．さらに，$\delta 3$ および$\delta 6$ においては大西洋サケと同様にトリプトファン残基が存在していた．ヒラメ IgDcDNA の定常領域には，タンパク質を細胞内の所定の位置に配置するのに重要なアスパラギン結合型糖鎖結合部位が 12 ヶ所存在していた．魚類の IgD 遺伝子は，IgM 遺伝子を除く，全ての免疫グロブリン遺伝子の原始型であることが示唆されている[66]．ヒラメ IgD はアミノ酸配列において，大西洋サケとよく似た配列をしているものの，δ 鎖内に繰り返し配列が存在しないことから，大西洋サケおよびアメリカナマズ IgD とは異なる形で進化してきたと考えられた．このように，魚類の IgD は哺乳類のものと比較して特徴的な構造を有しており，種々の魚類での IgD 遺伝子の構造解析が免疫グロブリンの分子進化を考察する上で重要である．

　アメリカナマズ[68] の IgM 遺伝子定常領域の構造は，既知の脊椎動物と同様に，[V/D/J-$\mu 1$-$\mu 2$-$\mu 3$-$\mu 4$-TM]で，4 つのエキソンを形成している．遺伝子再構成によって多様性を獲得している可能性が高いことが示唆されている[68]．また，システイン残基およびその周辺残基が保存されており，トリプトファン残基の位置も保存されている．また，全体的にみて，可変領域のほうが定常領域よりも保存されている．一方，タンパク質レベルでの報告は多く，ニジマス[69]，大西洋サケ[70]，アメリカナマズ[68]，ネコザメ[71]，ガンギエイ[72] などで，明らかにされている．無顎類のメクラウナギは，哺乳類のμ 鎖と類似性の高い H 鎖を形成している．哺乳類の IgM とは異なり，2 本の L 鎖と 2 本の H 鎖とが 1 つの抗体を構成している．また，ジスルフィド結合が存在しないため，不安定な高次構造を形成している．ヒラメ IgMは［$\mu 1$-$\mu 2$-$\mu 3$-$\mu 4$-TM］という，4 つのμ 鎖により形成されていた．ニジマス IgM において，開始コドン（ATG）から数えて，129, 144, 209, 263, 331, 385, 448, 500, 567, 611番目のシス

テイン残基および 159，277，322，401，440，514，558 番目のトリプトファン
残基の位置はヒト [42]，ニワトリ [42]，アフリカツメガエル [42] およびネコザメ [67]
などでも同様な位置に存在しており，種を越えて保存性が高かった．また，
155 番目のロイシン，168 番目のロイシン，173 番目のグルタミン，192 番目
のアルギニン，239 番目のロイシン，333 番目のフェニルアラニン，506 番目
のチロシンおよび 550 番目のグルタミン残基は硬骨魚類で保存性が高いという
報告がある [69]．ヒラメ IgM は，ニジマスの 322 番目のトリプトファン残基の
位置にロイシン残基が存在していたが，それ以外の保存性の高いアミノ酸残基
は全て存在していた．軟骨魚類から哺乳類まで IgM の相同性は高いため，ヒ
ラメ IgM も既知の IgM と同様の機能をもっている可能性が示唆され，IgM が
生体を防御するもっとも基本となる抗体であり，それぞれの種の生活環境に応
じて，他の抗体が作り出されたと考えられた．

　ヒラメ IgD および IgM 遺伝子の発現組織は，白血球，頭腎，後腎，脾臓，
腸管および心臓であり，白血球を多く含む組織での発現が認められることから，
ヒラメ IgD および IgM 遺伝子の発現は白血球由来であることが推察された．
ヒラメ IgD および IgM 遺伝子の mRNA の発現量を RT-PCR により比較した
ところ，すべての発現組織において IgM 遺伝子の mRNA の発現量が多かった．
IgM 遺伝子と IgD 遺伝子の発現細胞数の差異か，あるいは単に発現量の違い
によるかは明らかでない．今後は，哺乳類でもその機能が不明である IgD につ
いての研究の進展が望まれるところである．

文　献

1) G. Iwama and T. Nakanishi ed : The Fish Immune System, Academic Press, 1996, pp.380.

2) 日本生体防御学会編：ヒトと動植物のディフェンス，菜根出版，1996，pp.278.

3) 村上浩紀他編：生物生産と生体防御，コロナ社，1995，pp.349.

4) 矢野友紀，中尾実樹：硬骨魚類の補体の特性，水産学シリーズ「魚類の免疫系」（渡辺翼編），恒星社厚生閣，2002，pp.48-59.

5) D. A. Ross, M. R. Wilson, N. W. Miller, L. W. Glem and G. W. Warr : Evolutionary variation of immunoglobulin mu-heavy chain RNA processing pathways : origins, effects and implications. *Immunol. Rev.*, 166, 143-151 (1998).

6) E. Bengtén, S. M.-A. Quiniou, T. B. Stuge, T. Katagiri, N. W. Miller, L. W. Clem, G. W. Warr, and M. Wilson: The IgH locus of the channel catfish, *Ictalurus punctatus*, contains multiple constant region gene sequences : different genes encode heavy

chains of membrane and secreted IgD. *J. Immunol.*, **169**, 2488-2497（2002）.

7 ）I. Hordvik : Identification of a novel immunoglobulin transcript and comparative analysis of the genes encoding IgD in Atlantic salmon and Atlantic halibut. *Mol. Immunol.*, **39**, 85-91（2002）.

8 ）S. Stenvik and T. O. Jorgensen: Immunoglobulin D（ IgD）of Atlantic cod has a unique structure. *Immunogenetics*, **51**, 452-461（2000）.

9 ）M. F. Flajnik, Y. Ohta, C. Namikawa-Yamada and M. Nonaka. Insight into the primordial MHC from studies in ectothermic vertebrates. *Immunol. Rev.*, **167**, 59-67（1999）.

10）S. Inoue, B.-H. Nam, I. Hirono, and T. Aoki : A survey of expressed genes in Japanese flounder（*Paralichthys olivaceus*）liver and spleen.*Mol.Mar.Biol.Biotechnol.*, **6**, 378-382（1997）.

11）T. Aoki, B.-H. Nam, I. Hirono, and E. Yamamoto : Sequences of 596 cDNA clones（565, 977 bp）of Japanese flounder（ *Paralichthys olivaceus*）leucocytes infected with Hirame rhabdovirus. *Marine Biotechnol.*, **1**, 477-488（1999）.

12）B.-H. Nam, I. Hirono, and T. Aoki : A survey of expressed genes in Japanese flounder, *Paralichthys olivaceus*, infected with Hirame rhabdovirus. *Dev. Comp. Immunol.*, **24**, 13-24（2000）.

13）T. Aoki, I. Hirono, M.-G. Kim, T. Katagiri, Y. Tokuda, H. Toyohara and E. Yamamoto: Identification of viral induced genes in Ig+ leucocytes of Japanese flounder *Paralichthys olivaceus*, by differential hybridisation with subtracted and unsubtracted cDNA probes. *Fish Shellfish Immunol.*, **10**, 623-630（2000）.

14）B-H. Nam, I. Hirono, and T. Aoki : Bulk isolation of immune response-related genes by expressed sequenced tags of Japanese flounder *Paralichthys olivaceus* leucocytes stimulated with Con A/PMA. *Fish Shellfish Immunol.*（2003）（in press）.

15）I. Hirono, R. Yazawa, and T. Aoki : Expressed sequence tag of Japanese flounder（ *Paralichthys olivaceus*）skin cells, *Fish. Sci.*（2003）（in press）.

16）N. R. Arma, I. Hirono, and T. Aoki : Characterization of expressed genes in Japanese flounder *Paralichthys olivaceus* kidney following treatment with ConA/PMA and LPS. Fish Pathol.（submitted）.

17）W. Haas, P. Pereira, and S. Tonegawa : γ/δ cells. *Annu. Rev. Immunol.*, **11**, 637-685（1993）.

18）M. Kronenberg : Antigens recognized by $\gamma\delta$ T cells. *Curr. Opin. Immunol.*, **6**, 64-71（1994）.

19）Y.-H.Chien, R. Jores, and M. P. Crowley: Recognition by γ/δ T cells. *Annu. Rev. Immunol.*, **14**, 511-532（1996）.

20）A. C. Hayday : $\gamma\delta$ Cells. A right time and a right place for a conserved third way of protection. *Annu. Rev. Immunol.*, **18**, 975-1026（2000）.

21）T. W. F. Gobel, C-L. H. Chen, J. Lahti,, T. Kubota, C.-L. Kuo, R. Aebersold, L. Hood, and M. D. Cooper : Identification of T-cell receptor α -chain genes in the chicken. *Proc. Natl. Acad. Sci. USA*, **91**, 1094-1098（1994）.

22）L. W. Tjoelker, L. M. Carlson, K. Lee, J. Lahti, W. T. McCormack, J. M. Leiden, C.-L. H. Chen, M. D. Cooper, and C. B. Thompson : Evolutionary conservation of antigen recognition : The chicken T-cell receptor β chain. *Proc. Natl. Acad. Sci. USA*, **87**, 7856-7860（1990）.

23）A. Six, J. P. Rast, W. T. McCormack, D. Dunon, D. Courtois, Y. Li, C-L. H. Chen, and M. D. Cooper : Characterization of avian T-cell receptor γ genes. *Proc. Natl. Acad. Sci. USA*, **93**, 15329-15334 (1996).

24) T. Kubota, J-Y. Wang, T. W. F. Gobel, R. D. Hockett, M. D. Cooper, and C-L. H. Chen : Characterization of an avian (*Gallus gallus domesticus*) TCR αδ gene locus. *J. Immunol.*, **163**, 3858-3866 (1999).

25) J. S. Fellah, F. Kerfourn, F. Guillet, and J. Charlemagne : Conserved structure of amphibian T-cell antigen receptor β chain. *Proc. Natl. Acad. Sci. USA*, **90**, 6811-6814 (1993).

26) I. Chretien, A. Marcuz, J. Fellah, J. Charlemagne, and L. Du Pasquier : The T cell receptor beta genes of *Xenopus*. *Eur. J. Immunol.*, **27**, 763-771 (1997).

27) S. Partula, A. de Guerra, J. S. Fellah, and J. Charlemagne : Structure and diversity of the T cell antigen receptor β-chain in a teleost fish. *J. Immunol.*, **155**, 699-706 (1995).

28) S. Partula, A. de Guerra, J. S. Fellah, and J. Charlemagne : Structure and diversity of the TCR α-chain in a teleost fish. *J. Immunol.*, **157**, 207-212 (1996).

29) J. P. Rast. R. N. Haire, R. T. Litman, S. Pross, and G. W. Litman : Identification and characterization of T-cell antigen receptor-related genes in phylogenetically diverse vertebrate species. *Immunogenetics*, **42**, 204-212 (1995).

30) K. Wang, L. Gan, T. Kunisada, I. Lee, H. Yamagishi, and L. Hood : Characterization of the Japanese pufferfish (*Takifugu rubripes*) T-cell receptor α locus reveals a unique genomic organization. *Immunogenetics*, **53**, 31-42 (2001).

31) C. Fischer, L. Bouneau, C. Ozouf-Costaz, T. Crnogorac-Jurcevic, J. Weissenbach, and A. Bernot : Conservation of the T-cell receptor α/δ linkage in the teleost fish *Tetraodon nigroviridis*. *Genomics*, **79**, 241-248 (2002).

32) M. R. Wilson, H. Zhou, E. Bengten, L. W. Clem, T. B. Stuge, G. W. Warr, and N. W. Miller : T-cell receptors in channel catfish : structure and expression of TCR α and β genes. *Mol. Immunol.*, **35**, 545-557 (1998).

33) I. Hordvik, A. L. J. Jacob, J. Charlemagne, and C. Endresen : Cloning of T-cell antigen receptor beta chain cDNAs from Atlantic salmon (*Salmo salar*). *Immunogenetics*, **45**, 9-14 (1996).

34) N. E. Wermenstam and L. Pilstrom : T-cell antigen receptors in Atlantic cod (*Gadus morhua*) : structure, organisation and expression of TCR alpha and beta genes. *Dev. Comp. Immunol.*, **25**, 117-135 (2001).

35) J. P. Rast, M. K. Andrson, S. J. Strong, C. Luer, R. T. Litman, and G. W. Litman : α, β, γ, and δ T cell antigen receptor genes arose early in vertebrate phylogeny. *Immunity*, **6**, 1-11 (1997).

36) J. P. Rast, and D.J. Litman : T-cell receptor gene homologs are present in the most primitive jawed vertebrates. *Proc. Natl. Acad. Sci. USA*, **91**, 9248-9252 (1994).

37) A. de Guerra and J. Charlemagne : Genomic organization of the TCR β-chain diversity (D β) and joining (J β) segments in the rainbow trout: presence of many repeated sequences. *Mol. Immunol.*, **34**, 653-662 (1997).

38) B. F. Koop, L. Rowen, K. Wang, C. L. Kuo, D. Seto, J. A. Lenstra, S. Howard, W. Shan, P. Deshpande, and L. Hood : The human T-cell receptor TCRAC/TCRDC (C α/C δ) region : organization. Sequence, and evolution of 97.6kb of DNA. *Genomics*, **19**, 478-493 (1994).

39）B. F. Koop, R. K. Wilson, K. Wang, B. Vernooij, D. Zaller, C. L. Kuo, D. Seto, M. Toda, and L. Hood : Organization, structure and function of 95 kb spanning the murine T-cell receptor C α to C δ region. *Genomics*, 13, 1209-1230 (1992).

40）B.-H. Nam, I. Hirono, and T. Aoki : T cell receptor genes of teleost fish: the cDNA and genomic DNA analysis of Japanese flounder (*Paralichthys olivaceus*) TCR α , β , γ , and δ chains. *J. Immunol.* (In press).

41）K. S. Campbell, T. Backstrom, G. Tiefenthaler, and E. Palmer : CART : a conserved antigen receptor transmembrane motif. *Semin. Immunol.*, 6, 393-410 (1994).

42）B. R. S. lumberg, B. Alarcon, J. Sancho, V. McDermott, P. Lopez, J. Breitmeyer, and C. Terhorst : Assembly and function of the T cell antigen receptor. *J. Biol. Chem.*, 265, 14036-14043 (1990).

43）Z.-G. Li, W.-P. Wu, and N. Manolios : Structural mutations in the constant region of the T-cell antigen receptor (TCR) β chain and their effect on TCR α and β chain interaction. *Immunology*, 88, 524-530 (1996).

44）J. Arnaud, A. Huchenq, M.-C. Vernhes, S. Caspar-Bauguil, F. Lenfant, J. Sancho, C. Terhorst, and B. Rubin : The interchain disulfide bond between TCR α β heterodimers on human T cells is not required for TCR-CD3 membrane expression and signal transduction. *Intl. Immunol.*, 9, 615-626 (1997).

45）M. S. Krangel, H. Band, S. Hata, J. Mclean, and M. B. Brenner : Structurally divergent human T cell receptor proteins encoded by distinct C γ genes. *Science*, 237, 64-67 (1987).

46）E. A. Kabat, T. T. Wu, H. M. Perry, K. S. Gottesman, and C. Foeller : Sequences of proteins of immunological interest (Natl. Inst. of Health Publication No. 91-3242, Bethesda) 5ᵗʰ ed. (1991).

47）Y.-H. Chien, M. Iwashima, K. B. Kaplan, J. F. Elliott, and M. M. Davis : A new T-cell receptor gene located within the alpha locus and expressed early in T-cell differentiation. *Nature*, 327, 676-682 (1987).

48）J. D. Ashwell and R. D. Klausner : Genetic and mutational analysis of the T-Cell antigen receptor. *Annu. Rev. Immunol.*, 8, 139-167 (1990).

49）R. D. Klausner, J. Lippincott-Schwartz, and J. S. Bonifacino : The T cell antigen receptor : insights into organelle biology. *Annu. Rev. Cell Dev. Biol.*, 6, 403-431, (1990).

50）V. P.Dave, Z. Cao, C. Browne, B. Alarcon, G. Fernandez-Miguel, J. Lafaille, A. de la Hera, S. Tonegawa, and D. J. Kappes : CD3 δ deficiency arrests development of the α β but not the γ δ T cell lineage. *EMBO J.*, 16, 1360-1370 (1997).

51）M. C. Haks, P. Krimpenfort, J. Borst, and A. M. Kruisbeek : The CD3 chain is essential for development of both the TCR $\alpha\beta$ and TCR $\gamma\delta$ lineages. *EMBO J.*, 17, 1871-1882 (1998).

52）D. P. Gold, H. Clevers, B. Alarcon, S. Dunlap, J. Novotny, A. F. Williams, and C. Terhorst : Evolutionary relationship between the T3 chains of the T-cell receptor complex and the immunoglobulin supergene family. *Proc Natl Acad Sci USA*, 84, 7649-7653 (1987).

53）A. F. Williams and A. N. Barclay : The Immunoglobulin superfamily. domains for cell surface recognition. *Annu. Rev. Immunol.*, 6, 381-405 (1988).

54）A. Bernot and C. Auffray : Primary structure and ontogeny of an avian CD3 transcript. *Proc. Natl. Acad. Sci. USA*, **88**, 2550-2554 (1991).

55) R. C. Dzialo and M. D. Cooper : An amphibian CD3 homologue of the mammalian CD3 gamma and delta genes. *Eur. J. Immunol.*, **27**, 1640-1647 (1997).

56) T. W. F. Göbel and J.-P. Dangy : Evidence for a stepwise evolution of the CD3 family. *J. Immunol.*, **164**, 879-883 (2000).

57) C. I. Park, I. Hirono, J. Enomoto, B-H. Nam, and T. Aoki : Cloning of Japanese flounder *Paralichthys olivaceus* CD3 cDNA and gene, and analysis of its expression. *Immunogenetics*, **53**, 130-135 (2001).

58) C. I. Park, T. Kurobe, I. Hrono, and T. Aoki : Cloning and characterization of cDNAs for two distinct tumor necrosis factor receptor superfamily genes from Japanese flounder *Paralichthys olivaceus*. *Dev. Comp. Immunol.* (In press).

59) B. Albert ed：細胞の分子生物学第 3 版, 教育社, pp.1388 (1995).

60) R. L. Hill, R. Delaney, R. E. Fellows, and H. E. Lebovitz : The evolutionary origins of the immunoglobulins. *Proc. Natl. Acad. Sci. USA*, **56**, 1762-1769 (1966).

61) G. M. Edelman : Covalent structure of a human γ-immunoglobulin. XI. Functional implications ; *Biochemistry*, **9**, 3197-3205 (1970).

62) C. Wood and S. Tonegawa : Diversity and joining segments of mouse immunoglobulin heavy chain genes are closely linked and in the same orientation: implications for the joining mechanism. *Proc. Natl. Acad. Sci. USA*, **80**, 3030-3034 (1983).

63) M. Pech, H. Smola, H. D. Pohlenz, B. Straubinger, R. Gerl, H. G. Zachau : A large section of the gene locus encoding human immunoglobulin variable regions of the kappa type is duplicated. *J. Mol. Biol.*, **183**, 291-299 (1985).

64) S. Tonegawa : Somatic generation of antibody diversity. *Nature*, **302**, 575-581 (1983).

65) M. Wilson, E. Bengten, N. W. Miller, L. W. Clem, L. Du pasquier, and G. W. Warr : A novel chimeric Ig heavy chain from a teleost fish shares similarities to IgD. *Proc. Natl. Acad. Sci. USA*, **94**, 4593-4597 (1997).

66) I. Hordvik, J. Thevarajan, I. Samdal, N. Bastani, and B. Krossoy : Molecular cloning and phylogenetic analysis of the Atlantic salmon immunoglobulin D gene. *Scand. J. Immunol.*, **50**, 202-210 (1999).

67) I. Hirono, B-H. Nam, J. Enomoto, and T. Aoki : Cloning and characterization of Japanese flounder *Paralichthys olivaceus* IgM and IgD. *Fish Shellfish Immunol.* (In press).

68) M. R. Wilson, A. Marcuz, F. van Ginkel, N. W. Miller, L. W. Clem, D. Middleton, and G. W. Warr : The immunoglobulin M heavy chain constant region gene of the channel catfish, *Ictalurus punctatus* : an unusual mRNA splice pattern produces the membrane form of the molecule, *Nucleic Acids Res.*, **18**, 5227-5233 (1990).

69) E. Andersson and T. Matsunaga : Complete cDNA sequence of a rainbow trout IgM gene and evolution of vertebrate IgM constant domains. Immunogenetics, **38**, 243-250 (1993).

70) I.Hordvik, A. M.Voie, J. Glette, M. Male, and C. Endresen : Cloning and sequence analysis of two isotopic IgM heavy chain genes from Atlantic salmon, *Salmo salar* L. *Eur. J. Immunol.*, **22**, 2957-2962 (1992).

71) F. Kokubu, K. Hinds, R. Litman, M. J.

Shamblott, and G. W. Litman : Complete structure and organization of immunoglobulin heavy chain constant region genes in a phylogenetically primitive vertebrate. *EMBO J.*, 7, 1979-1988 (1988).

72) F. A. Harding, C. T. Amemiya, R. T. Litman, N. Cohen, and G. W. Litman : Two distinct immunoglobulin heavy chain isotypes in a primitive, cartilaginous fish, *Raja erinacea. Nucleic Acids Res.*, 18, 6369-6376 (1990).

略語一覧表

略語	英語	日本語
11-KT	11-ketotestosterone	
APC	antigen presenting cell	抗原提示細胞
ATG		(開始コドン)
BAC	bacterial artificial chromosome	細菌人工染色体
BSA	bovine serum albumin	ウシ血清アルブミン
bZIP	basic-leucine zipper	塩基性ロイシンジッパー
C/EBP	CCAAT/enhancer binding protein	キャット/エンハンサー結合タンパク質
C1	the 1st component of complement	補体第 1 成分
C2	the 2nd component of complement	補体第 2 成分
C3	the 3rd component of complement	補体第 3 成分
C4	the 4th component of complement	補体第 4 成分
C5	the 5th component of complement	補体第 5 成分
C6	the 6th component of complement	補体第 6 成分
C7	the 7th component of complement	補体第 7 成分
C8	the 8th component of complement	補体第 8 成分
C9	the 9th component of complement	補体第 9 成分
CART	conserved antigen receptor transmembrane	ケモカインの 2 つのシステイン (C) の間にアミノ酸がない
CC chemokine		ケモカインの 2 つのシステイン (C) の間にアミノ酸がない
CD	cluster of differentiation	分子抗原群 (単クローン抗体により認識される細胞表面抗原)
CD3	CD3 antigen	CD3 抗原 (TCR と会合して T 細胞に発現する分子群)
cDNA	complementary DNA	相補的 DNA
CH	constant region of heavy chain	H 鎖定常領域
CL	constant region of light chain	L 鎖定常領域
CM	conditioned medium	条件づけ培養液

CR	complement receptor	補体受容体
CRP	C reactive protein	C反応性タンパク質
CTL	cytotoxic T lymphocyte	細胞障害性T細胞
CXC chemokine		ケモカインの2つのシステイン (C) の間にアミノ酸 (X) が1個ある
CXCR	CXC chemokine receptor	CXCケモカイン受容体
E2	estadiol-17β	
EGTA	ethylene glycol bis (2-aminoethyl ether)-N,N,N',N'-traacetic acid	
ELISPOT	enzyme-linked immuno-spot assay	
EST	Expressed sequence tags	
F	cortisol	
Fab	antigen-binding fragment	
Fc	fragment crystalizable	
FCA	Freund's Complete Adjuvant	
FDA	fluorescein diacetate	
FMLP	N-formylmethionyl leucocyl phenylalanine	
GALT	gut-associated lymphoid tissue	腸管付属リンパ組織
G-CSF	granulocyte-colony stimulating factor	顆粒球コロニー刺激因子
HGG	human γ globulin	ヒトγグロブリン
ICE	interleukin converting enzyme	インターロイキン変換酵素
ICSBP (IRF-8)	interferon consensus sequence binding protein	インターフェロン共通配列結合タンパク質
Ig	immunoglobulin	免疫グロブリン
IgA	immunoglobulin A	
IgD	immunoglobulin D	
IgE	immunoglobulin E	
IgG	immunoglobulin G	
IgM	immunoglobulin M	
IgMSC	IgM secretary factor	
IgX	immunoglobulin X	免疫グロブリンX (両生類特有の免疫グロブリン)
IL	interleukin	インターロイキン

IL-1R	interleukin-1 receptor	インターリューキン1受容体
IL-4	interleukin-4	
IL-6	interleukin-6	
IL-8	interleukin-8	
IRF	interferon regulatory factor	インターフェロン制御因子
ITAM	immunoreceptor tyrosine-based activation motif	免疫レセプターチロシン活性化モチーフ
JAK	janus kinase	ジャックキナーゼ
LB	Latex beads	
L-CL	luminol dependent chemiluminescence	ルミノール依存性化学発光
LFA-1	leukocyte function-associated protein-1	
LMP	low molecular protein	プロテアソームの構成成分である低分子タンパク質
LPS	lipopolysaccharide	リポ多糖
MAC	membrane attack complex	膜侵襲複合体
MAP	mitogen-activated protein kinase	マイトジェン活性化キナーゼ
MASP	MBL-associated serine protease	MBL関連セリンプロテアーゼ
MBL	mannose-binding lectin	マンノース結合レクチン
MCP	monocyte chemotactic protein	単球走化性タンパク質
MHC	Major histocompatibility complex	主要組織適合遺伝子複合体
MIP	macrophage inflammatory protein	マクロファージ炎症性タンパク質
MMC	melano-macrophage center	メラノマクロファージセンター
MPO	myeloperoxidase	ミエロペルオキシダーゼ
mRNA	messenger RNA	伝令RNA
NADPH	nicotinamide adenine dinucleotide phosphate (reduced)	
NAR	new antigen receptor	新抗原受容体
NF-κB	nuclear factor-κB	核内転写因子κB
NK cell	natural killer cell	ナチュラルキラー細胞
NKEF	natural killer enhancing factor	ナチュラルキラー細胞活性化因子
PCR	polymerase chain reation	
PI	propidium iodide	

PMA	phorbol 12-myristate 13-acetate	
PMM	Pagrus major macrophage	マダイの培養マクロファージ
Rag	recombination-activating gene	
RANTES	regulated on activation, normal T expressed and secreted	
RT	reverse transcription	逆転写
RTM	rainbow trout macrophage	ニジマスの培養マクロファージ
RT-PCR	reverse transcription PCR	逆転写 PCR
SA	sidium alginate	アルギン酸ナトリウム
SAP90	90kDa synapse-associated protein	90kDa シナプス関連因子
SC	secretory component	
SCR	short consensus repeat	補体制御タンパク質リピート
SG	scleroglucan	スクレログルカン
sMAP	small MBL-associated protein	
SOD	superoxide dismutase	
SRBC	sheep red blood cell	ヒツジ赤血球
SSH	supression subtractive hybridization	
STAT	signal transducers and activation of transcription	転写活性化因子
T	testosterone	
TAP	transporter associated protein	トランスポータータンパク質（MHC クラス I 分子に結合する抗原ペプチドを小胞内に輸送する）
TCR	T cell receptor	T 細胞受容体
TGF	transforming growth factor-β	トランスフォーミング増殖因子 β
TLR	Toll-like receptor	Toll 様受容体
TNFR2	TNF receptor-associated factor 2	腫瘍壊死因子レセプター補助因子 2
TNF-α	tumor necrotic factor-α	腫瘍壊死因子 α
TNP-LPS	trinitrophenyl-LPS	
VH	variable region of heavy chain	H 鎖可変領域
VL	variable region of light chain	L 鎖可変領域

出版委員

青木一郎　落合芳博　金子豊二　兼廣春之
櫻本和美　左子芳彦　瀬川　進　関　伸夫
中添純一　門谷　茂

水産学シリーズ〔135〕　　　　　　定価はカバーに表示

魚類の免疫系
Immune System of Fish

平成 15 年 4 月 1 日発行

編　者　　渡　辺　　翼

監　修　社団法人 日本水産学会

〒108-8477　東京都港区港南　4-5-7
東京水産大学内

発行所　〒160-0008
東京都新宿区三栄町8
Tel 03 (3359) 7371
Fax 03 (3359) 7375　株式会社 恒星社厚生閣

水産学シリーズ〔135〕
魚類の免疫系（オンデマンド版）

2016年10月20日 発行

編　者	渡辺 翼
監　修	公益社団法人日本水産学会
	〒108-8477　東京都港区港南4-5-7
	東京海洋大学内
発行所	株式会社 恒星社厚生閣
	〒160-0008　東京都新宿区三栄町8
	TEL　03(3359)7371(代)　FAX　03(3359)7375
印刷・製本	株式会社 デジタルパブリッシングサービス
	URL　http://www.d-pub.co.jp/